防灾减灾系列教材

数据挖掘技术及应用实践

李　忠　李姗姗　张　伟　编著

清华大学出版社
北京交通大学出版社
·北京·

内 容 简 介

本书介绍数据挖掘相关技术及其在防灾、减灾领域的应用。数据挖掘技术主要沿着分类、聚类和关联分析这三大任务展开，具体包括数据挖掘概念及发展史、数据及预处理方法、数据仓库、回归分析、数据分类和聚类、趋势预测、关联分析、异类挖掘等内容，并通过在灾害预防、安全评价等方面的实例来介绍每类技术的应用。

本书可作为高等院校计算机、信息科学、大数据科学、灾害防治、应急信息化、应急技术与管理、城市地下空间安全等相关专业的教材或参考书，也可为从事数据处理的科学工作者、技术人员提供参考。

图书在版编目（CIP）数据

数据挖掘技术及应用实践 / 李忠，李姗姗，张伟编著. —北京：北京交通大学出版社：清华大学出版社，2022.7

ISBN 978-7-5121-4720-1

Ⅰ. ① 数…　Ⅱ. ① 李…　② 李…　③ 张…　Ⅲ. ① 数据采集–高等学校–教材　Ⅳ. ① TP274

中国版本图书馆 CIP 数据核字（2022）第 078740 号

数据挖掘技术及应用实践
SHUJU WAJUE JISHU JI YINGYONG SHIJIAN

责任编辑：韩素华
出版发行：清 华 大 学 出 版 社　　邮编：100084　　电话：010-62776969
　　　　　北京交通大学出版社　　邮编：100044　　电话：010-51686414
印 刷 者：北京鑫海金澳胶印有限公司
经　　销：全国新华书店
开　　本：185 mm×260 mm　　印张：12.5　　字数：320 千字
版 印 次：2022 年 7 月第 1 版　　2022 年 7 月第 1 次印刷
印　　数：1～2 000 册　　定价：59.00 元

本书如有质量问题，请向北京交通大学出版社质监组反映。对您的意见和批评，我们表示欢迎和感谢。
投诉电话：010-51686043，51686008；传真：010-62225406；E-mail：press@bjtu.edu.cn。

防灾减灾系列教材编审委员会成员

前 言

随着信息技术的迅猛发展和普及应用，尤其是互联网的普及，使得各行各业已经积累了海量的数据，而且这些数据每天还在不断地、快速地增加。根据国际著名数据调查公司 IDC 在 2021 年的估计，全世界数据库里的数据量正在以每 20 个月翻一番的速度增长。在目前“数据为王”的时代，数据意味着资产、财富、知识，这也充分说明，数据对于人类是极为重要的，甚至指导人们的日常活动——人们越来越依赖数据。但是，数据量越来越大，如何利用数据、如何从中发现某些规律或知识，就需要用到数据挖掘技术了。

在现代数据分析中，数据挖掘技术是其中一种重要的数据分析方法，可以说，数据挖掘技术在各个领域的数据分析中都有应用，尤其在科学研究、未来预测等领域，数据挖掘技术更是一种最常用的数据分析方法。人类社会的发展史，其实就是一部人类与自然灾害不断进行抗争的历史。在信息技术的加持下，人们对大多数自然灾害进行了数字化监测，如地震监测、滑坡和泥石流的监测、海啸监测、火山监测等，获取了大量关于自然灾害的信息资料，已经积累了大量的观测数据。有关学者和工程技术人员已经开始利用数据挖掘技术处理数据，并取得了若干成果，为防灾、减灾、救灾事业作出了巨大贡献。

本书作者多年来从事数据挖掘技术课程的教学及将数据挖掘技术应用于防灾、减灾、救灾领域的课题研究，对数据挖掘技术的任务、方法具有较为深刻的理解，对灾害数据处理的研究具有深切的体会。因此，本书在编排时，在介绍数据挖掘理论、方法的基础上，多以灾害类数据挖掘应用作为实例加以介绍，以便于读者了解并理解数据挖掘技术在灾害数据分析中的处理过程和结果展示。

全书共分为 10 章。

第 1 章是导论。从一个具体事例开始，介绍数据挖掘的发展过程、有关概念、应用领域、挖掘工具和发展趋势等。数据挖掘的任务主要包含预测、关联分析、聚类分析、异常监测等，从两个数据挖掘模型 CRISP-DM 模型和 SEMMA 模型展开，分别介绍了挖掘的过程，主要包括业务理解、数据理解、数据准备、建模、评估和部署等步骤。

第 2 章是数据、统计特征及数据预处理。介绍了数据的若干基本概念，如数据类型、特点等，数据集统计特征，数据预处理方法，包括数据清理、数据集成、数据变换、数据归约等几个方面，还介绍了距离和度量方法。

第 3 章是数据仓库及联机分析处理。主要介绍数据仓库的概念、特征、体系结构等，介绍了联机事务处理系统和联机分析处理系统的区别，以及数据挖掘系统与数据库系统的不同，并详细地介绍了数据仓库的建模思路。

第 4 章是回归分析。主要用于连续数据的预测挖掘，介绍线性回归分析、非线性回归分析和逻辑回归分析。线性回归分析包括一元线性回归分析方法和多元线性回归分析方法，介绍了非线性回归分析方法如何转换为线性回归方法。

第 5 章是数据分类与预测。主要介绍数据分类基本概念、分类挖掘的一般过程，并详细介绍了几种分类算法：决策树算法、贝叶斯分类算法、*k*-近邻分类方法、神经网络算法等。在决策树算法中主要介绍了 ID3 算法及其改进算法 C4.5、C5.0 算法及二叉树 CART 算法等，重点介绍了信息熵、信息增益、增益率、基尼系数等概念及这些概念在决策树算法中的作用；贝叶斯分类算法主要介绍了朴素贝叶斯算法，指出“独立同分布”是朴素贝叶斯算法的基本约定；详细介绍人工神经网络算法中的 BP 网络算法，简单推导了算法过程，并以岩溶塌陷稳定性分类为例介绍了 BP 算法的应用。

第 6 章是关联分析。介绍关联分析的若干概念，包括频繁项集、最小支持度、最小可信度、强关联规则、兴趣度、提升度等。详细介绍经典的关联分析挖掘算法 Apriori 算法过程，并以大学生日常行为习惯与学习成绩的关联性为例，介绍如何生成频繁项集、如何生成关联规则及规则的合并等；另外还介绍一种占用内存少、能够处理在线连续交易流数据的新型关联规则挖掘算法——CARMA 算法。

第 7 章是聚类分析。介绍聚类分析的基本概念、算法等，从基于划分的、基于层次的、基于密度的、基于模型的聚类分析法和一趟聚类算法等展开介绍。基于划分的方法主要介绍 *k*-means 算法、*k*-means++聚类算法、二分 *k*-means 聚类算法等；基于层次的方法包括 BIRCH 算法、CURE 算法、ROCK 算法等；基于密度的算法主要介绍 DBSCAN 算法；基于模型的聚类算法主要介绍自组织特征映射网络算法、最大期望值算法等。以两个具体实例分别介绍了 *k*-means++算法和 SOFM 算法的应用。

第 8 章是异类挖掘。主要介绍异类数据概念及异类挖掘意义，异类挖掘的常用方法：基于统计的方法、基于距离的方法、基于相对密度和基于聚类的、基于物元模型的方法，等等；详细介绍了可拓数据挖掘算法的相关概念，包括物元、经典域、节域、关联函数等，并介绍了计算因子权重系数的层次分析法等。

第 9 章是文本挖掘。主要介绍了文本挖掘的基本概念、发展历史等知识，详细介绍了文本挖掘的过程，包括数据准备、分词方法、文本特征、文本表示等，介绍了文本分类、聚类、自动摘要抽取等文本挖掘任务，并以新闻稿件的分类为例说明了文本挖掘的过程。

第 10 章是 Web 挖掘。介绍了 Web 挖掘的概念及任务，包括 Web 结构挖掘、页面内容挖掘、Web 日志挖掘等内容。

作为一本教材，本书力求通俗易懂，结构合理，内容安排具有逻辑性，使读者在阅读本书时不至于感到枯燥乏味，昏昏欲睡。

本书的完成凝结了若干人的辛劳和汗水。第 1、2、3、8、9、10 章主要由李忠负责撰写，第 4、6 章主要由张伟负责撰写，第 5、7 章主要由李姗姗负责撰写，全书由李忠统稿。在编写过程中，刘海军博士、单维锋教授、唐彦东教授提出了一些很好的建议，在此表示感谢。感谢几位研究生对书稿进行整理和排版，他们是：李锦文、贾娟、杨百一、张富志、尚星宇、薛子云、王志。本书的出版，得到了防灾科技学院防灾减灾系列教材建设项目的资助；在本书编写过程中，参考了大量的前人研究成果，在出版时得到了清华大学出版社、北京交通大学出版社的大力支持，在此一并表示诚挚的感谢。

由于作者水平所限，书中难免存在错误和不足，敬请各位读者批评指正。

编者　于燕郊

2022 年春

目　　录

第1章

导　论

作为一门新兴的数据处理技术，数据挖掘技术已经有三十多年的发展历史，广泛应用于金融领域、信息安全领域、自然灾害和应急行业，至今仍有很大的应用价值和广阔的应用前景。在当前大数据、云计算、人工智能时代，数据挖掘技术对于获取自然知识、进行趋势预测、提高决策服务等极为重要，更具有应用价值和意义。

在数据挖掘的发展历程中，一个非常有趣和有意义的故事是商场货架的“尿布与啤酒”关联性摆设事件。世界知名的沃尔玛超市，在年终统计分析时发现一个有趣的现象——尿布和啤酒——在购物清单里同时出现的概率非常高，这引起了管理者的注意。之后据此将二者摆在一起出售，结果发现尿布和啤酒的销量双双增加了。这是关联挖掘分析的一个著名案例，也促进了数据挖掘技术的发展。

沃尔玛集团公司是全球最大的零售业务公司，在几十个国家分布有一万多家门店，拥有世界上最大的数据仓库系统，集中了各个门店的详细原始交易记录。沃尔玛经营者为了能够准确了解顾客在其门店的购买习惯，了解顾客经常一起购买的商品有哪些，就在大量原始交易数据的基础上，利用数据挖掘方法对这些数据进行分析和挖掘。上述“尿布与啤酒”的关联销售现象，具有深刻的社会背景和购物习惯。其原因是，20 世纪六七十年代的美国是一个汽车轮子上的国家，几乎每家每户都有汽车，因为工作时间紧张，每次去超市采购都满载而归，购买一周以上的物品，太太们常叮嘱她们的丈夫为小孩买尿布，而美国丈夫们中有 30%～40%的人喜欢喝啤酒，结果导致尿布与啤酒的销售量具有很强的关联性。

1.1 数据挖掘的起源

为什么要进行数据挖掘呢？其实，数据挖掘的根本推动力在于数据的爆炸性增长。在 20 世纪 70 年代，计算机应用已经普及到各行各业，产生的各种数据信息呈指数级增长。尤其随着互联网的诞生和应用普及，无论是在商业领域还是在科学应用中，每天都在不断产生大量的数据。例如，人造卫星对地球全天候的监测，获取了大量的实时监测数据，为人类提供了大量的科学资料。为了更好地理解地球的气候系统，NASA 已经部署了一系列的地球轨道卫星，不停地收集大量的地表、海洋和大气的全球观测数据，每小时向地面发送几十 GB 的图像数据；超市的交易系统中每天也在产生大量的交易数据，以沃尔玛为例，其零售系统每天产生约 2 亿条交易记录；信用卡和 ATM 机的普遍使用，使得银行系统每天产生数以亿计的交易数据。可以看到，各个系统内的数据量呈现出爆炸式增长。大概在 2010 年，人们以为达到 TB 级的数据就是海量数据，而随着数据以难以想象的速度增长，TB 级数据量早已被 PB 级所取代，EB、ZB 级数据量也已经屡见不鲜。下面是数据量度量单位关系：

1 B＝8 b

1 KB＝1 024 B

1 MB＝1 024 KB

1 GB＝1 024 MB

1 TB＝1 024 GB

1 PB＝1 024 TB

1 EB＝1 024 PB

1 ZB＝1 024 EB

1 YB＝1 024 ZB

位（bit，比特）是存放一位二进制数（binary digit，0 或 1）最小的存储单位，以英文小写字母 b 表示。8 个二进制位组成一个字节，以英文大写字母 B 表示。

但是，我们不得不承认，大量的数据产生，如何应用好这些数据是一个重要的问题。人们经常会问：数据里包含有什么信息？如何提取这些信息？还有哪些信息隐藏在海量数据中？

下面首先介绍三个概念：数据、信息和知识。

所谓数据，是数字化、编码化、序列化、结构化的事实，未经组织的数字、词语、声音、图像等。如财务、经济、政府、销售点、演示图表、生命周期等数据。

所谓信息，是数据在信息媒介上的映射，是对数据的深加工处理，如方式、趋势、事实、关系、模型、联系、序列等。

所谓知识，是理解信息的模式，是对信息加工、吸收、提取、评价的结果，即有用信息。如目标市场、资金分配、交易选择、广告地点、邮寄清单、销售分布等。数据、信息、知识的概念关系如图 1－1 所示。

人们希望将数据转换成信息，再从信息中提取分析出有用的信息用于生产，也就是知识。例如，对商业领域来说，从大量业务数据中所挖掘的知识可以为商业决策提供支持，进而获取利润，如沃尔玛超市发现的啤酒和尿布的关联性购物规则。但是在浩如烟海的海量数据集合中，如何找出其中蕴含的规律性知识是非常困难的。

如何解决这一问题呢？新需求必然推动新技术的诞生。庞大繁杂的数据首先需要整合、清理，从而为发现新知识提供支持，于是就产生了数据仓库技术。然后在数据仓库中继续寻找知识，这就需要数据挖掘技术。1989 年 8 月，在美国底特律召开的第十一届国际人工智能会议上，正式提出了数据挖掘这个词条，以后逐渐被 IT 界所接受和推广应用。

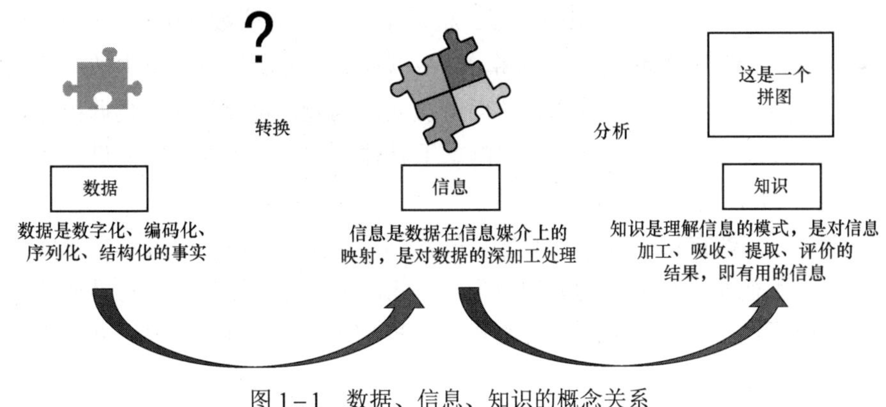

图 1－1　数据、信息、知识的概念关系

1.2　数据挖掘的定义

数据挖掘是从大量的、不完全的、有噪声的、模糊的甚至是随机的数据集合中，提取出其中隐含的、先前未知的但又是潜在的信息和知识的过程，有时也称知识发现（knowledge discovery in database，KDD），如图 1－2 所示。

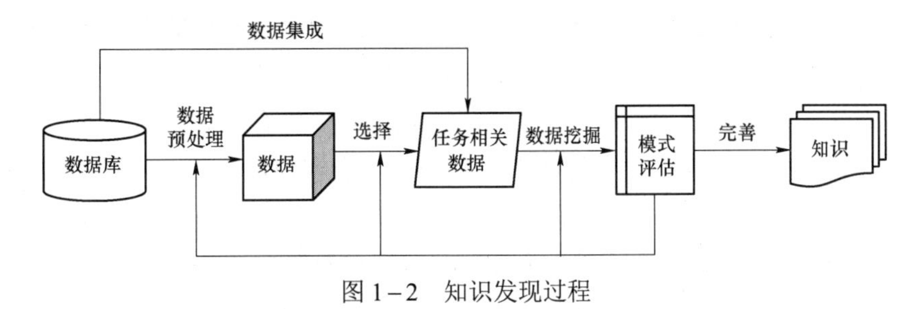

图 1－2　知识发现过程

在知识发现过程中，首先将数据库中的数据进行清洗、抽取、转换、集成、归约等预处理步骤，形成数据仓库，然后根据相关任务参数进行数据挖掘，得到某种模式。这种数据模式经过反复评估、验证和完善，最后获得有关知识。从图 1－2 可以看出，知识发现过程包含了数据挖掘，是在数据挖掘结果的基础上，对挖掘结果进行评估和完善，通过某种方式表示，形成知识。

数据挖掘是一个多学科融合的领域，涉及数据库技术、机器学习、统计学习等理论和方法。数据库技术为海量数据的存储处理提供基础；机器学习为海量数据的自动处理提供支撑，因为像海量数据这种动辄上千万条数据，如果由人工来处理，所消耗的时间将是漫长的，因此，对于数据挖掘的处理必须由机器自动进行。统计学理论也对数据挖掘具有重要的支撑，因为数据挖掘是对数据进行有效的分析和统计。另外，可视化技术、数据分析算法等也对数据挖掘具有重要支撑，使得数据能够得到更好的展示和更高的计算效率。其他很多领域也和数据挖掘有相关性，因为数据挖掘技术要和具体的应用相结合才能展现它的活力，如对地震数据挖掘、地质灾害数据挖掘等，显然，这类数据挖掘要和地学相结合。

数据挖掘和机器学习既有联系，又有区别。从概念上看，数据挖掘是通过某种方法从大量数据中搜索隐藏在其中的知识的过程。机器学习是一类从数据中自动分析获得规律，并利用这些规律对未知数据进行预测的算法。也就是说，机器学习是将生活中的问题抽象成数学模型，利用数学方法求解模型，从而解决实际问题。可以看出，数据挖掘强调的是一个过程，重在发现知识，而机器学习则侧重于具体算法，为数据挖掘提供具体的挖掘算法，重在认识事物。

从数据分析看，数据挖掘技术主要来自机器学习。数据挖掘的研究对象是面向海量数据，而机器学习不把海量数据作为处理对象，因此，在数据挖掘时需要对具体的机器算法加以改进，以使得这个算法能够适应大数据集的挖掘处理。另外，数据挖掘还有一个独特的重要任务——关联分析。

总之，数据挖掘注重运用某种算法或其他某种模型解决实际问题，关注于实践和运用。机器学习注重算法的理论研究和算法性能的提升，更偏向于理论和学术研究。

1.3 数据挖掘的应用领域

目前，数据挖掘技术在银行、电信、风控、防灾、减灾、救灾、舆情预测等行业都有深入的应用。

（1）金融行业。银行通过用户所办理的各种银行卡积累了大量的业务数据，通过分析客户对某一业务产品的应用频率、持续性等指标来判别客户的忠诚度，通过交易数据的详细分析来鉴别哪些是银行希望保持的重点客户，以此来提供有针对性的服务；预测哪些客户可能流失，因为获取一个新客户的成本是留住一个老客户成本的 10 倍以上，因此银行为增加自己的利润，必须最大限度地降低客户的流失率，利用已经拥有的客户信息，建立客户流失预测模型，把握住流失客户的基本特征，提前预测要流失的客户，从而采取有效的营销措施留住这些客户；哪些客户具有欺诈交易行为；预测客户的贷款偿还能力等。在保险业，根据用户数量确定费率、根据用户特点获得新客户、根据用户业务量留住旧客户、根据用户业务数据异常检测诈骗和骗保等，都需要数据挖掘技术的支持。

（2）电信行业。在客户的获取阶段，数据挖掘可以帮助企业快速完成对潜在客户的筛选工作。电信公司拥有公司客户信息，可以利用聚类挖掘分析技术得出客户的基本特征，如性别、学历、年龄、工资收入、婚否、是否有房、是否有车等信息；可以向市场调研公司或相关统计部门获取一份潜在用户的名单，包括他们的基本属性信息；通过比较已有客户和潜在用户的基本特征，可以挑选出能够接受本公司服务的“准客户”。这样不但能减少获取新用户的费用，也能大大提高“揽户”效率，做到有的放矢。当电信公司扩展某项业务时，也可以利用此信息，对可能性大的用户进行定向推广，可以提高效率。

（3）风险控制。企业在经营过程中产生了大量的数据，通过数据挖掘，找出企业经营过程中出现的各种问题和可能引起危机的先兆，如经营不善、观念滞后、产品失败、战略决策失误、财务危机等内部因素引起的问题，找出对企业的生存和发展构成严重威胁的问题，管控风险，及时做出正确的决策，调整经营战略，以适应不断变化的市场需求。

（4）流量分析。用户在网站的浏览过程中产生数据流量、浏览记录、驻留时间等，这

些都是用户浏览网站的特征信息，被记录在浏览网站的日志中。网站提供商通过分析网站用户的消费行为、兴趣偏好、浏览习惯等特征，可以精准地给用户推送广告、推销商品、提供内容服务等。

（5）客户关系管理。数据挖掘技术可以帮助企业从客户信息中找到客户的特征，通过模式分析预测潜在客户；对流失的客户进行挖掘，找出流失的可能原因；对大量的客户进行分类，例如，根据客户的性别、年龄、职业等属性将客户划分成互不相交的一个个小的客户类别，针对不同的客户类别，提供有针对性的产品或服务，从而建立起良好的客户关系。

在市场经济比较发达的国家和地区，许多公司已经利用数据挖掘技术建立了各种信息系统，以增强公司的竞争优势，扩大营业额。例如，美国运通公司（American Express）有一个用于记录信用卡业务的数据库，数据量达到54亿字符，该数字还在不断增加。通过数据挖掘技术，运通公司制定了“关联结算（relationship billing）优惠”的促销策略，即如果一个顾客在一个商店用运通购物卡购买一套时装，那么再购买一双鞋时就可以得到比较大的折扣，这样既可以增加商店的收入，也可以增加运通卡的使用率；再如，居住在上海的银联卡持有者可以在全国多家商店购物，能够得到价格优惠，也是同样的道理。

由此可见，数据挖掘在各行各业的应用实例很多，广泛应用于银行与保险、零售与批发、制造与运输、政府部门、教育行业、通信领域等各类企事业单位及科研工程上。根据相关报导，数据挖掘的投资回报率有达400%甚至10倍的事例。

1.4 数据挖掘的过程

最初的数据挖掘市场是不成熟的，但随着信息技术的大发展，数据挖掘的市场呈现出爆炸式增长趋势，国际上一些知名公司都参与进来，研发了若干数据挖掘模型。

1.4.1 CRISP-DM 模型

1996年，3个数据分析公司DaimlerChrysler、SPSS、NCR发起建立一个社团CRISP-DM Special Interest Group（SIG），其目的是建立数据挖掘方法和过程的标准。该组织在1999年开发并提出了CRISP-DM（CRoss-Industry Standard Process for Data Mining）模型，包括以下各项。

（1）业务理解（business understanding）。业务的最初阶段主要集中在理解项目目标和从业务的角度理解需求，同时将理解的业务知识转化为数据挖掘问题的定义和完成目标的初步计划。

（2）数据理解（data understanding）。从初始的数据收集开始，目的是熟悉数据，检查数据的质量问题，发现数据的内部属性或是探索引起兴趣的子集去形成隐含信息的假设。

（3）数据准备（data preparation）。这些数据将是模型工具的输入值，可以经过多种处理和构建形成最终可以被数据挖掘使用的数据集。这个阶段的任务包括表、记录和属性的选择，以及为模型工具转换、清洗、整理、集成、约简数据等行为。

（4）建模（modeling）。在这个阶段，可以选择和应用不同的模型，反复调整有关参数，直至调整到最佳数值。一般来讲，有些技术只可以解决一类相同的数据挖掘问题，有些技术在数据形成上有特殊要求，因此有时需要跳回到数据准备阶段，对数据集进行针对性的处理。

（5）评估（evaluation）。这个阶段，已经从数据分析的角度建立了一个高质量的数据挖掘模型，但在应用模型之前，需要对所建模型进行评估，仔细检查构造模型的步骤，确保模型可以完成业务目标。

（6）部署（deployment）。数据挖掘模型的创建仅是知识发现的开始，下一步才是利用所建模型从数据中找到感兴趣的知识，获得的知识要求方便用户使用，如以表格或图形的方式显示出来。根据需求，这个阶段可以产生简单的报告，或者是实现一个比较复杂的、可重复的数据挖掘过程。在很多案例中，这个阶段是由客户而不是数据分析人员来承担部署的工作。

CRISP-DM 的组成架构如图 1－3 所示。

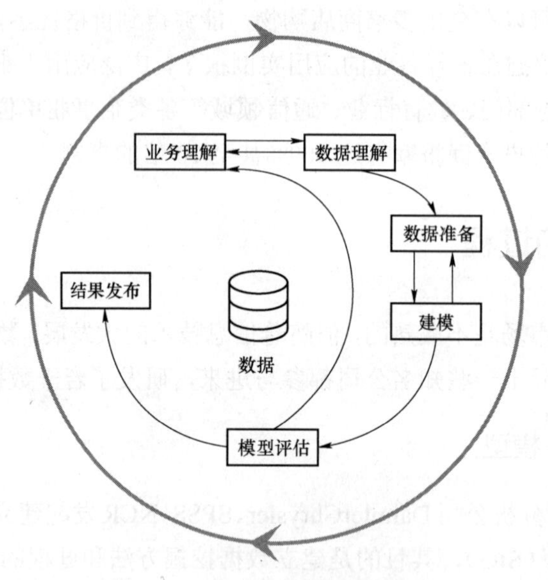

图 1－3　CRISP-DM 的组成架构

1.4.2　SEMMA 模型

著名的数据处理公司 SAS 提出了 SEMMA 模型，主要包括以下步骤。

（1）采样（sampling）。从数据集合里采样，并把数据集合划分为训练、验证和测试各数据集合。

（2）探索（explore）。用统计方法或图形方法探索数据集合。

（3）调整（modify）。转换变量，删除有缺失值的记录。

（4）建模（modeling）。拟合预测模型，例如，采用回归树、协同滤波。

（5）评估（assess）。用验证数据集合比较模型。

1.5　数据挖掘的任务

数据挖掘涉及两大类任务：预测任务和描述任务。

预测任务：说明变量—目标变量，包括回归和分类。

描述任务：概括数据中潜在的联系模式，包括关联分析、聚类、序列分析、异类点挖掘等。

预测挖掘任务是利用数据集中的一些变量或域预测用户关心的变量之未知或未来值，通过对样本数据（历史数据）的输入值和输出值进行关联性的学习，构建预测模型，再利用该模型对未来的输入值进行输出值预测。预测结果将以尽量容易理解的数据格式（如：相关、趋势、聚类、轨迹和异常）呈现出来。

描述性数据挖掘任务需要对数据的频繁模式或规律进行模式评估，这就需要用到挖掘任务对应行业领域的专业知识，不同的领域用户其兴趣度也不一样。

下面以具体事例说明挖掘任务。

1. 预测未来变化

以说明变量函数的方式为目标变量建立模型，包括两类预测建模任务：分类和回归。预测任务在经济领域应用广泛，如一个国家预测明年的经济增长率，股民预测一只股票的未来走势等。

【例1－1】预测花的类型。根据鸢尾花的特征预测花的种类，这个类似于微信小程序里的“识花君”。鸢尾花（Iris）可以分为3种类别：Setosa、Versicolour、Virginica，需要根据鸢尾花的特征确定属于哪个类别。

首先需要建立包含这3种类别的鸢尾花特性的数据集，这可以从加州大学欧文分校的机器学习数据库中得到（http://www.ics.uci.edu/～mlearn），这是一个具有这类信息的著名的鸢尾花数据集。除花的种类之外，该数据集还包含萼片宽度、萼片长度、花瓣长度和花瓣宽度4个其他属性。鸢尾花数据集中150种花的花瓣宽度与花瓣长度的对比图如图1－4所示。花瓣宽度分成low、medium、high三类，分别对应于区间［0，0.75）、［0.75，1.75）、［1.75，∞）。花瓣长度也分成low、medium、high三类，分别对应于区间［0，2.5）、［2.5，5）、［5，∞）。根据花瓣宽度和长度的这些类别，可以推出以下规则。

花瓣宽度和花瓣长度为low属于Setosa。

花瓣宽度和花瓣长度为medium属于Versicolour。

花瓣宽度和花瓣长度为high属于Virginica。

2. 关联分析任务

发现描述数据中的强关联特征的模式，这种类型的规则模式可以用来发现各类商品中可能存在的交叉销售的商机。如关联分析可以用来发现顾客经常同时购买的商品。

【例1－2】购物篮分析。一家杂货店收银台收集的销售数据见表1－1，从中可以发现什么规律？

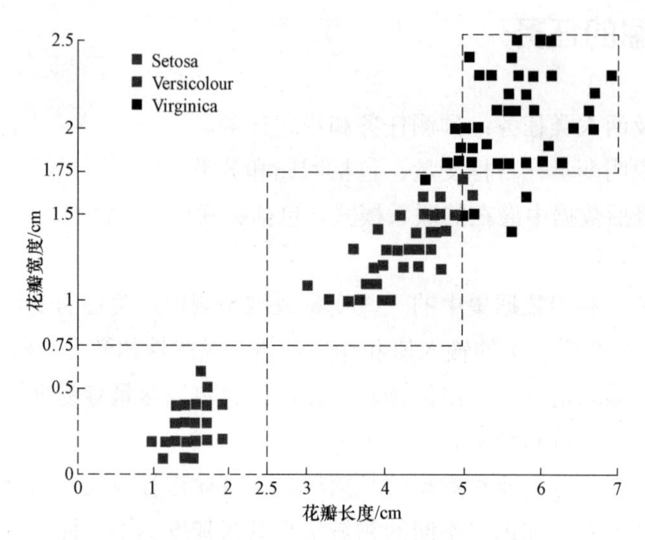

图 1-4　鸢尾花的花瓣宽度与花瓣长度对比图

表 1-1　某杂货店销售数据

事务 ID	商品
1	{面包，黄油，咖啡，尿布，啤酒，鸡蛋}
2	{茶，鸡蛋，小甜饼，尿布，啤酒}
3	{鸡蛋，面包，黄油}
4	{面包，黄油，鲑鱼，鸡}
5	{面包，黄油，尿布，啤酒}
6	{鲑鱼，尿布，啤酒}
7	{面包，尿布，啤酒，盐}
8	{咖啡，糖，鸡，鸡蛋}
9	{面包，茶，糖，鸡蛋}
10	{咖啡，糖，小甜饼，鲑鱼}

可以看出，在 10 条购物记录中，尿布和啤酒同时出现了 5 次，具有很大的关联性。

3. 聚类分析任务

可以发现紧密相关的观测值组群，与属于不同簇的观测值相比，属于同一个簇的观测值相互之间尽可能类似。聚类分析是知识发现的重要方法。

【例 1-3】文档聚类。新闻文章可以根据它们各自的主题进行分组，见表 1-2。每篇文章表示为词-频率对（w: f）的集合，这里 w 表示词，f 表示该词在文章中出现的次数。在表 1-2 中有两个自然簇，前 5 篇文章可以看作一个簇，对应于体育新闻；后 3 篇文章对应第二个簇，是科技新闻。如果聚类算法足够好，那么可以根据文章中出现的词而识别出这两个簇，分别属于哪一类文章。

表 1-2 新闻稿主题分组

article	word
1	ball：3，tennis：2，Union：6，snow：3，sport：2，football：2
2	China：5，USA：3，Canada：4，India：2，Australia：3，Union：1
3	play ball：8，playsport：3，rise：3，horse：2，WUSHU：3，country:，bike：3
4	swimming：1，forecast：2，skating：6，snow：2，water：3，medal：2
5	rise：3，WUSHU：5，bike：3，snow：2，ball：2，doctor：2
6	bigdata：5，company：3，cloud：5，IBM：1，DELL：3
7	SUN：5，Apple：7，Alibaba：3，Tencent：6，soft：3，Jobs：2
8	bigdata：5，HUAWEI：9，ZTE：6，communication：2，software：3，SUN：3

4. 异常检测

识别其特征显著不同于其他数据的观测值。

【例 1-4】信贷欺诈数据检测。

每家银行都记录了其客户的交易记录，也保存了用户的相关信息，如年龄、收入或企业信誉情况等若干用户隐私信息。都知道，信贷欺诈只会是少数人的行为，因为是犯罪行为，所以与正常合法交易相比，信贷欺诈行为的数量相对比较少，这样异常检测技术就可以用来构造用户的合法信贷记录特征，当有新的交易到达时就与之相比较。如果该笔信贷交易的特征具有很大差异，那么这笔信贷交易就有可能涉嫌欺诈。

1.6 数据挖掘工具和共享资源

数据挖掘是对海量数据的处理，必然需要相应的计算机软件来实现，这类计算机软件称作数据挖掘软件。一般来说，数据挖掘软件分为通用数据挖掘软件和专用数据挖掘软件，前者一般不区分数据含义，可以处理常见的数据类型，应用广泛；后者需要针对某个特定领域的问题而开发，针对性更强，具有更好的性能。为了推动数据挖掘技术的研究和应用，检验数据挖掘算法或软件的适应性和可靠性，很多知名研究机构通过 Web 提供了若干数据挖掘的数据资源，主要包括一些数据集合开源算法软件包，供有兴趣的研究者下载应用。

1.6.1 数据挖掘软件

常用的数据挖掘工具软件主要有以下几种。

（1）Enterprise Miner（SAS），这是数据挖掘市场中非常杰出的工具，采用了 SAS 统计模型，依照 SEMMA 的挖掘流程，抽样、探测、修改、建模、评价，提供了包括聚类、分类、关联规则、神经网络和统计回归等多种算法。它比较适合于大规模数据的挖掘。

（2）Clementine（SPSS），一款比较灵活、小规模、实用的软件系统。该软件通过多种图形用户接口的分析技术，包含神经网络、决策树、聚类分析等多种算法，按照 CRISP-DM 的流程组织数据挖掘，执行数据分析功能，非常适合快速掌握数据挖掘技术的用户应用。

（3）Intelligent Miner（IBM），包含了大量的数据挖掘算法，如预测、分类、关联规则、聚类等，能够处理大规模数据集，计算能力强大，能够方便地整合用户的算法。

（4）WEKA，全称是怀卡托智能分析环境（Waikato environment for knowledge analysis），是一个开源免费软件。作为一个公开的数据挖掘工作平台，WEKA集成了大量机器学习算法，包括对数据进行预处理、分类、回归、聚类、关联规则及在新的交互式界面上的可视化。

（5）马可威软件，一款著名的国产数据挖掘软件，功能比较强大，可视化的图像操作界面，整合了大量的数据挖掘算法，如神经网络算法、决策树算法、模糊聚类、关联规则、支持向量机、粗糙集、贝叶斯算法等。

（6）R，一款开源的用于统计分析和图形化的计算机语言及分析工具，提供了丰富的统计分析和数据挖掘功能，其核心模块是用C、C++和Fortran编写的，拥有较高的计算性能。

（7）Python，一种面向对象的解释型计算机程序设计语言，语言简洁、易学习、易阅读。内建各种高级数据结构，提供众多扩展库，如Numpy提供了快速的数组处理能力、Scipy提供了高效的数值运算能力，Matplotlib提供了强大的绘图能力，Scikit-learn提供了数据挖掘及机器学习中常用的算法。

1.6.2 数据挖掘共享数据集

（1）UCI数据集：http://kdd.ics.uci.edu/。

（2）卡耐基梅隆大学（CMU）数据集：http://lib.stat.cmu.edu/datasets/。

http://www.cs.cmu.edu/afs/cs.cmu.edu/project/theo－20/www/data/。

（3）时序数据集：http://www.cs.ucr.edu/~eamonn/time_series_data/。

（4）机器学习开发数据集：https://www.kaggle.com/datasets/。

（5）中国地震科学数据共享中心：http://data.earthquake.cn/。

（6）综合数据集：http://www.cs.nyu.edu/～roweis/data.html。

（7）数据集列表：http://www.kdnuggets.com/datasets/index.html。

1.6.3 共享的数据挖掘算法软件包

（1）UCI机器学习网站：http://archive.ics.uci.edu/ml/。

（2）WEKA官方网站：http://www.cs.waikato.ac.nz/ml/weka/。

（3）DBMiner官方网站：http://ddm.cs.sfu.ca/。

（4）SVM代码：http://www.csie.ntu.edu.tw/～cjlin/libsvm/。

（5）LingPipe官方网站：http://alias-i.com/lingpipe/。

1.7 数据挖掘发展趋势

自20世纪末诞生以来，数据挖掘技术随着计算机性能的提高，越来越受到重视。进入21世纪以后，互联网的广泛普及，尤其是2010年以后，因为物联网和智能手机应用的

普及，造成了大数据技术、云计算技术的大发展，数据量呈指数级增长，分布式存储和分布式计算技术应用普遍，这给数据挖掘技术带来了新的机遇和挑战。

（1）文本数据挖掘。从文本数据中抽取有价值的信息和知识的计算机处理技术。与一般的数据挖掘不同，难度比较大，目前还没有成功的文本挖掘系统。

（2）图像数据挖掘。随着图像获取和图像存储技术的迅速发展，使得人们能够较为方便地得到大量有用的图像数据（如遥感图像数据、医学图像数据等）。但如何充分地利用这些图像数据进行分析并从中提取出有用的信息，一直是学者们研究的课题。

（3）非结构数据挖掘。如流数据、网络监控数据、网页点击流、股票市场、流媒体等，与传统数据库技术相比，流数据在存储、查询、访问、实时性的要求等方面都有很大区别。

（4）大数据挖掘。大数据，是2012年以来一个非常流行的词汇，是指所涉及的数据量规模巨大到无法通过传统的软件工具进行处理。大数据分析相比于传统的数据仓库应用，具有数据量大、数据类型多样、查询分析复杂、数据价值稀疏等特点。大数据挖掘将是未来研究的热点之一。

（5）生物信息挖掘。在千变万化的基因组合中，如何发现病人的基因和正常人基因的不同，将是一件很有意义的事情。但人类的基因成千上万，各种组合更是繁杂和庞大，如何从其中找出人类疾病产生的原因、长寿密码、健康因子等，将是科学家非常关注的。

1.8 本章小结

本章从具体事例开始，介绍了数据挖掘的基本概念、挖掘任务、应用领域、挖掘过程、挖掘工具和发展趋势等。数据挖掘的任务包括预测、关联分析、聚类分析、异常监测等；在挖掘过程中介绍了两个数据挖掘模型：CRISP-DM 模型和 SEMMA 模型，主要包括业务理解、数据理解、数据准备、建模、评估和部署等步骤；挖掘工具主要介绍了 SAS 的 Enterprise Miner 软件、SPSS 的 Clementine 软件、IBM 的 Intelligent Miner 软件、WEKA 数据挖掘平台和马可威数据挖掘系统，以及 R 和 Python。

习　题

（1）什么是数据挖掘？

（2）数据挖掘的主要过程是什么？

（3）数据挖掘的主要任务包括哪些？

（4）数据挖掘的常用工具有哪些？

（5）简述数据挖掘的发展方向。

（6）如果你作为银行信息中心工作人员，请阐述数据挖掘技术在银行业务中的应用，并写出相关的数据分析流程。

第2章

数据、统计特征及数据预处理

数据来源于各种采集设备、历史资料、图形图像等。由于某些原因，这些数据来源可能存在这样或那样的问题，如采集器故障、历史资料短缺、图像模糊等，导致数据质量不高，这就需要采用一些必要的技术和方法，以修复数据，保证数据质量。

2.1 数据与数据类型

数据，狭义上是指数字，可以理解为记录的事实；广义上是指数据对象及其属性的集合，其表现形式可以是数字、符号、文字、图像，抑或是计算机代码等。属性（也称为特征、维或字段），是指一个对象的某方面性质或特性。一个对象通过若干属性来刻画，如一个长方体有长、宽、高、颜色、质量等属性。数据集是具有相同属性的数据对象集合。图2-1很好地展示了数据对象和属性之间的关系，表2-1显示了不同的属性类型。

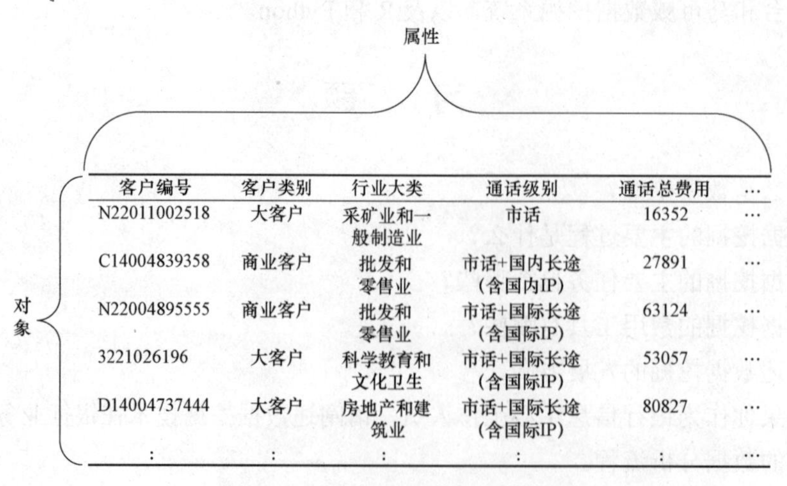

客户编号	客户类别	行业大类	通话级别	通话总费用	…
N22011002518	大客户	采矿业和一般制造业	市话	16352	…
C14004839358	商业客户	批发和零售业	市话+国内长途（含国内IP）	27891	…
N22004895555	商业客户	批发和零售业	市话+国际长途（含国际IP）	63124	…
3221026196	大客户	科学教育和文化卫生	市话+国际长途（含国际IP）	53057	…
D14004737444	大客户	房地产和建筑业	市话+国际长途（含国际IP）	80827	…
⋮	⋮	⋮	⋮	⋮	…

图2-1　电信客户信息样本数据集

表 2－1　不同属性类型描述

属性类别		描述	例子	操作
分类（定性）	标称	属性值只提供必要的信息以区分对象，属性值没有实际意义	颜色、性别、产品编号	众数、熵、列联相关
	序数	属性值提供足够信息以区分对象的序	成绩等级（优、良、中、差）、年级（一年级、二年级等）	中值、百分位、秩相关、符号检验
数值（定量）	区间	属性值之间的差是有意义的	日历日期、摄氏温度、地下水位	均差、标准差、皮尔逊相关
	比率	属性值之间的差和比率都是有意义的	长度、时间、速度	几何平均、调和平均、百分比变差

2.1.1　数据集的特性

数据集有以下 3 个特性。

（1）维度（dimension）。也称作维数，表示参数的数目。一般来说，零维是点，一维是线，二维是面，三维是体。如正方体的长、宽、高是三个维度，如果加上色彩，就是四个维度了。假如把一件产品看作一个对象，把用户的评价看作该产品的维度，那么这个产品可能会有几万甚至几十万的维度，这就造成了维数灾难。在高维空间中，几乎所有的数据都是稀疏的，但很多维度是没有太多意义的，因此需要进行维度归约。维度归约可以通过线性变换完成，如主成分分析算法，将高维数据投影到低维空间。

（2）稀疏性（sparsity）。指在某些数据集中，有意义的数据非常少，在大部分属性上的取值为 0，非零项占比很低。如超市购物记录集、文本数据集。

（3）分辨率（resolution）。不同分辨率下数据的性质不同。例如，遥感图像的空间分辨率，是用来表征影像分辨地面目标细节的指标，高分辨率可以区分建筑物、河流、山峦等，低分率可能只是给出不同的色块。

2.1.2　数据集类型

随着数据处理技术的发展和成熟，数据集的类型呈现出多样化的趋势，因此需要对数据集进行分类。一般地，将数据集分为 3 种类型：记录数据、图形数据和有序数据。

1. 记录数据

数据挖掘的任务往往假定数据集是记录（数据对象）的集合，每个记录都由相等数目的属性构成。每条记录之间或各个属性之间没有明显的联系。记录数据通常存放在文件或关系数据库中。根据数据挖掘任务的不同，记录数据可以有不同种类的变体。

（1）事务数据（transaction data），也称作购物篮数据（market basket data）。事务数据是一种特殊类型的记录数据，其中每个记录涉及一个项的集合。典型的事务数据，如超市零售数据，顾客一次购买的商品集合构成一个事务，而购买的每件商品就是项。

（2）数据矩阵（data matrix）。如果一个数据集中的所有数据对象都具有相同的属性，则数据对象可以看作多维空间中的点，其中每个维描述对象的一个属性。数据集可以用一个 $m \times n$ 的矩阵表示，其中 m 行，一个对象一行；n 列，一个属性一列。

文本数据是数据矩阵的一个特例，其属性类型是一致的，含有大量的零元素，因此一般用稀疏数据矩阵来表示。在文本数据挖掘中，文本被看作是若干关键词的集合，这些关键词就是特征项，据此文本可以表示成布尔模型、向量模型或概率模型。如果忽略文本中词的出现次序，则文本可以用词向量表示，其中每个词是向量的一个分量（属性），而每个分量的值则对应词在文本中出现的次数。

2. 图形数据

图形或图像具有直观、形象的优点，可以方便地表示对象之间的关系。例如，在万维网的网页上包含文字、图形及指向其他页面的链接，物流路径图中的距离和权重，化学中化合物的分子结构，其中结点表示原子，结点之间的链是化学键。图 2-2 是描述空间温度的一张图，通过该图可以直观、形象地看出温度的高低情况。

图 2-2　空间温度数据

3. 有序数据

有些数据类型具有时间或空间顺序要求，称作有序数据。

（1）时序数据（sequential data）。数据集中每条记录包含一个与之相关联的时间，这些数据具有时间标签，时间不同其数据意义也不一样。例如，地震监测台站的数据，都带有时间戳，根据数据的时间，分析地震发生前地球物理参数的变化情况，可能蕴含地震相关联的前兆信息。

（2）序列数据（sequence data）。这是一个数据集合，由若干项组成，可能是一串字母或数字，表示一系列有序事件的序列，如 DNA 序列、应急物流路径序列等。图 2-3 是生物基因数据序列，从中可以清楚地看出生物基因的字符排列具有很大的随机性。

（3）空间数据（spatial data）。常见的空间数据有地理信息系统、遥感图像等涉及的空间坐标数据。它的一个重要特点是空间自相关性（spatial autocorrelation），即物理上邻近的对象具有某种相似性，例如，地理位置处在赤道附近的两地，其生物性质相近，如喜欢温暖、多雨等气候天气。

（4）流数据（stream data）。流数据是一种动态的数据格式，具有海量、动态快速变化、持续增长的特点，以固定的次序记录和读出，允许一次或几次读取，但要求响应快速。如音视频数据、通信数据、地质观测数据、互联网点击流等。

```
GGTTCCGCCTTCAGCCCCGCGCC
CGCAGGGCCCGCCCCGCGCCGTC
GAGAAGGGCCCGCCTGGCGGGCG
GGGGGAGGCGGGGCCGCCCGAGC
CCAACCGAGTCCGACCAGGTGCC
CCCTCTGCTCGGCCTAGACCTGA
GCTCATTAGGCGGCAGCGGACAG
GCCAAGTAGAACACGCGAAGCGC
TGGGCTGCCTGCTGCGACCAGGG
```

图 2－3　基因数据

2.2　数据统计特征

数据集的统计特征可以表示数据的集中程度、离散程度及分布特点，如是否符合正态分布等。集中程度表示一组数据向某一中心值靠拢的程度，反映了一组数据中心点的位置所在；离散程度反映了数据远离中心值的状况。

2.2.1　频率和众数

给定一个在$\{v_1, v_2, \cdots, v_k\}$上取值的分类属性$x$和$m$个对象的集合，值$v_i$的频率定义为：

$$\text{frequency}(v_i) = \frac{\text{具有属性值}v_i\text{ 的对象数}}{m} \tag{2-1}$$

实质上就是值 v_i 出现的概率。如在泰坦尼克号轮船沉没数据集中，计算的生存率和死亡率。

众数是指数据集中出现最频繁的值，常用于分类数据。例如，在地质灾害数据中，计算的众数可用于发现出现最频繁的灾害类型，发生灾害最频繁的地区。众数适合于数据量较多时使用，它不受极端值影响，具有不唯一性。对于连续型数据，需要先对数据进行分组，从而确定众数所在的组，再根据近似公式计算众数值。

2.2.2　百分位数

对于一个有序数据，考虑数据集的百分位数（percentile）可能更有意义。具体地说，给定一个有序的或连续的属性值x和一个 0 到 100 之间的数p，使得二者之间建立一种对应关系，那么p%即为x值的百分位数。其中第 25 百分位数又称第一个四分位数，用Q_1表示；第 50 百分位数又称第二个四分位数（second quartile），用Q_2表示；第 75 百分位数又称第三个四分位数（third quartile），用Q_3表示。

第 p 百分位数的意义是使得至少有 p%的数据项小于或等于这个值，且至少有（$100-p$）%的数据项大于或等于这个值。

2.2.3　位置度量：均值和中位数

数据集中反映数据中心位置的主要有两个概念：均值（mean）和中位数（median），它们是数据集的位置度量。假设有 m 个对象 $\{x_1, x_2, \cdots, x_m\}$，均值 $\bar{x}$ 的定义如式（2－2）所示。

$$\mathrm{mean}(x) = \bar{x} = \frac{1}{m}\sum_{i=1}^{m} x_i \tag{2-2}$$

均值是所有数的平均值。均值对极端值比较敏感，易受极端值影响。如果数据分布不均匀，即数据中存在极端值或数据是偏态分布的，那么均值的代表性较差，不能很好地度量数据的集中程度。

为了消除极端值的影响，可以使用截断均值。给定一个 0～100 之间的数 p，丢弃高端和低端各占（p/2）%的数据，然后计算均值，所得结果即是截断均值。在统计学中常用的“2－8 原则”就是 $p=40$ 时的截断均值。

中位数是将一组数据按从小到大排序，位于中间的那个数据。如果数据分布不均匀，中位数具有较好的代表性。设 $x=\{x_1, x_2, \cdots, x_m\}$代表以非递减排序后的一组数据，这样最小值为 x_1，最大值为 x_m，中位数的定义如式（2－3）所示：

$$\mathrm{median}(x) = \begin{cases} x_{r+1} & m\text{ 是奇数，即} m = 2r+1 \\ \dfrac{x_r + x_{r+1}}{2} & m\text{ 是偶数，即} m = 2r \end{cases} \tag{2-3}$$

有学者形象地将最大值、最小值、中位数、四分之一位数、四分之三位数称作数据集的五数概要，用一个箱线图可以直观地表示数据的范围，如图 2－4 所示。

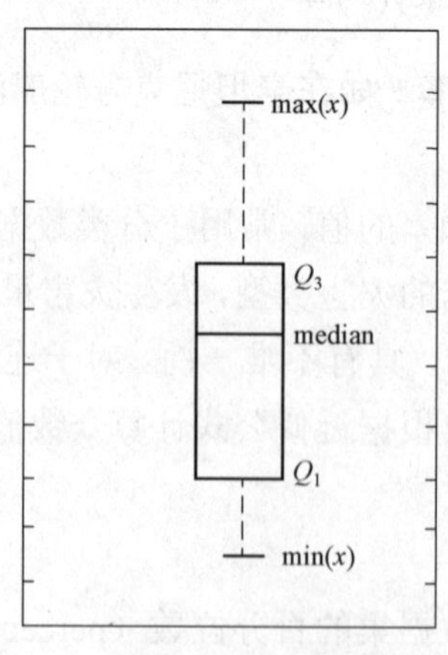

图 2－4　箱线图

【例 2－1】 计算{1，89，90，93，120}数据集的均值、中位数和 $p=40$ 的截断均值。

解：均值是 78.6，中位数是 90，$p=40$ 时的截断均值为 90.67。

2.2.4　离散度量：极差和方差

数据分布的另一个重要特征就是离散程度，反映了各个数据远离其中心值的程度。离

散程度越大，集中程度统计量的代表性就越差。

最简单的离散度量是极差（range）。极差是指一组数据的最大值与最小值之差。给定属性 x，它具有 m 个按照升序排列的值 $\{x_1, x_2, \cdots, x_m\}$，则 x 的极差定义为：

$$\text{range}(x) = x_m - x_1 \tag{2-4}$$

尽管极差标识最大离散度量，并且计算简单，但是它极易受极端值影响。因此，另一个离散度量概念——方差更好。一般地，属性 x 的方差记作 σ^2，定义如下：

$$\sigma^2 = \frac{1}{m-1}\sum_{i=1}^{m}(x_i - \overline{x})^2 \tag{2-5}$$

其中，σ 为标准差（standard deviation），是方差的平方根。方差反映了各个数据值与均值的平均差异，小的方差反映数据较为集中，趋向于观测均值；大的方差说明数据散布在一个较大的范围内。

方差并不是万能的。由于均值对极端值敏感，而方差用均值计算，因此方差对异类值更加敏感，这就需要用到其他离散度量。

绝对平均偏差（AAD）：

$$\text{AAD}(x) = \frac{1}{m}\sum_{i=1}^{m}\left|x_i - \overline{x}\right| \tag{2-6}$$

中位数绝对偏差（MAD）：

$$\text{MAD}(x) = \text{median}\left(\left\{\left|x_1 - \overline{x}\right|, \cdots, \left|x_m - \overline{x}\right|\right\}\right) \tag{2-7}$$

四分位数极差（IQR）：

$$\text{IQR}(x) = x_{75\%} - x_{25\%} \tag{2-8}$$

2.2.5　多元汇总统计

包含多个属性的数据（多元数据）的位置度量可以通过分别计算每个属性的均值或中位数得到。给定一个 n 元数据集 $X=(X_1, X_2, \cdots, X_n)$，其中每个 $X_i(i=1, 2, \cdots, n)$代表一个属性的组值，则数据集的均值为：

$$\overline{X} = (\overline{X}_1, \overline{X}_2, \cdots, \overline{X}_n)$$

对于多元数据，每个属性的散布可以独立于其他属性。然而，对于具有连续变量的数据，数据的散布更多地用协方差矩阵（convariance matrix）$\boldsymbol{S}$ 表示，其中 $\boldsymbol{S}$ 的第 i 行第 j 列的元素 s_{ij} 是数据的第 i 个和第 j 个属性的协方差。如果 x_i 和 x_j 分别是第 i 个和第 j 个属性值，则其协方差定义为：

$$s_{ij} = \text{covariance}(x_i, x_j) = \frac{1}{n-1}\sum_{k=1}^{n}(x_{ki} - \overline{x}_i)(x_{kj} - \overline{x}_j) \tag{2-9}$$

两个属性的协方差是两个属性一起变化并依赖于变量大小的度量。如果协方差为正，说明两个属性同向变化，具有正相关性；如果协方差为负，说明两个属性反向变化，具有负相关性。若两个属性量纲不同，为了避免量纲影响结果，一般使用相关系数度量属性间的相关性。

2.3 数据预处理

数据挖掘对数据质量的要求较高，而现实中直接获取到的数据是原生态数据，往往质量堪忧，难以直接进行数据挖掘。因此，首先需要对实际数据进行预处理，使其满足数据挖掘的需要。

例如，学生年龄数据如下。

（1）张三年龄空缺——数据不完整。

（2）默认为00-00-00——噪声数据。

（3）中国人的出生日期格式为年月日，美国人的是月日年——数据不一致。

这些带有缺陷的数据一般是由于输入时的遗漏，或者系统默认值、人工疏忽、设备/系统故障等原因造成的。为了提高数据挖掘的质量，需要首先进行数据预处理。数据挖掘的目的是在大量的、潜在的数据中挖掘出有用的模式或信息，挖掘的效果直接受到源数据质量的影响。高质量的数据是进行有效挖掘的前提。

数据预处理的主要任务包括：数据清理（填写空缺值、平滑噪声数据、识别和删除孤立点、解决不一致性问题），数据集成（集成多个数据库、数据立方体或文件），数据变换（规范化处理、消除冗余属性、数据汇总、数据映射），数据归约（压缩高维数据集为低维数据集），数据离散化等。

2.3.1 数据清理

（1）处理空缺值包括以下一些方法，但不限于这些方法。

- 忽略元组。
- 人工填写空缺值。
- 使用一个全局变量填充空缺值。
- 使用属性的平均值填充空缺值。
- 使用与给定元组属同一类的所有样本的平均值。
- 使用最可能的值填充空缺值，例如，用贝叶斯公式或决策树等推理方法得到的值。

（2）噪声是在数据采集过程中，测量变量中的随机错误或偏差。处理噪声数据包括以下方法，但不限于这些方法。

① 分箱（binning）：包括等深和等宽分箱两种。以等深分箱为例，先对数据排序，将它们分到等深的箱中，然后按照箱的平均值平滑、按箱的中值平滑、按箱的边界值平滑等。

例如，有一组排序后的数据：1，2，6，8，16，24，31，50，81。将其划为等深的箱如下。

箱1：1，2，6

箱2：8，16，24

箱3：30，50，81

用箱平均值进行平滑后如下。

箱 1：3，3，3

箱 2：16，16，16

箱 3：54，54，54

用箱的边界进行平滑后如下。

箱 1：1，1，6

箱 2：8，8，24

箱 3：30，30，81

② 聚类：检测并且去除孤立点。

③ 计算机和人工检查结合：计算机检测可疑数据，然后对它们进行人工判断。

④ 回归：按照数据集的回归函数来平滑数据，对连续的数字型数据效果较好。

2.3.2 数据集成

数据集成是将多个数据源中的数据整合到一个统一的格式，这些数据源的数据格式可能不一致。

模式集成：整合不同数据源中的元数据。首先，进行实体识别，将现实世界中来自不同数据源的、具有相同性质的实体进行匹配。如人工干预或利用字段的元信息，比较字段的描述性元信息，看是否相同。其次，检测并解决数据值的冲突问题，对实际的同一实体，来自不同数据源的属性值可能是不同的，需要进行数值一致性处理。

处理数据集成中的冗余数据：由于同一属性在不同的数据库中可能会有不同的字段名，导致集成多个数据库时出现冗余数据。有些冗余数据可以被相关分析检测到，事先需要根据其元数据或相关性分析对数据进行预处理，可以减少或避免结果数据中的冗余与不一致性，提高数据挖掘的质量。

2.3.3 数据变换

数据变换是将数据集转换为适合数据挖掘要求的形式，包括平滑、聚集、数据概化、规范化等。

聚集：数据汇总，为多粒度数据构建数据立方体。

数据概化：沿概念分层向上汇总，数据立方体的不同维之间可能存在概念分层的关系。

属性重构：利用现有属性构造新的属性，并添加到属性集中。

数据规范化：将数据按比例缩放，使其落入到一个标准的区间之内，并去除量纲。主要方法有：最小－最大规范化、Z-score 规范化、小数定标规范化，等等。

1. 最小－最大规范化

设有变量 x，取值范围为$\{x_1, x_2, \cdots, x_m\}$，其中最小值 $\min x = x_1$，最大值 $\max x = x_m$，将其转换到给定区间［a，b］，公式如下：

$$y = \frac{x - \min x}{\max x - \min x}(b - a) + a \qquad (2-10)$$

最小－最大规范化方法，能够保持原来数据之间的联系。如果令 $a=0$，$b=1$，则成为归一化预处理方法。

2. Z-score 规范化

$$y=\frac{x-\overline{x}}{\sigma} \tag{2-11}$$

其中 $\overline{x}$ 是数据集的均值，σ 是标准差。

3. 小数定标规范化

有时为了对数据进行有效处理，可以通过移动小数点位置，将数据规范化在一个规定区间。如将数据规范化到［0，1］区间，做以下处理：

$$y=\frac{x}{10^j} \tag{2-12}$$

其中 j 是保证 y 落在［0，1］区间的最小整数。

2.3.4 数据归约

数据归约可以得到数据集的简约表示，使得数据集维数低、规模小，但可以产生相同或几乎相同的数据挖掘结果。常用的方法包括压缩、变换等。

1. 数据立方体聚集

数据立方体是根据不同的维度对数据进行汇总，立方体的层次越高，其汇总程度就越高，数据量就越少，对数据的表示就越概化。最底层的方体对应于基本方体，基本方体对应于感兴趣的实体。数据立方体可以看作是方体的格，在其中存在不同级别的汇总，每一个较高层次的抽象将进一步减少结果数据集。数据立方体提供了对预处理汇总数据的快速访问，原则是使用与给定任务相关的最小方体，并且在可能的情况下，对于汇总数据的查询应当使用数据立方体。

2. 维归约

维归约用来检测或删除不相关的或基本不相关的属性或冗余属性或维，以减少数据量。其原则是，找出最小属性集，使得数据类的概念分布尽可能地接近使用所有属性的原分布，把不相关的属性全部删除，减少属性数目，使得模式更容易理解。

启发式方法是维归约的一种常用方法，该方法包括逐步向前选择（从空属性集开始，每次选择当前属性集中最符合目标的属性，加到归约属性集中，这样逐步地向前选择，把有用的属性一个一个地添加进来），逐步向后删除（从属性全集开始，每次删除最不适合的那个属性，这样一个一个地删除，最后留下来的就是相关的属性），向前选择和向后删除相结合（每次选择一个最好的属性，并且删除一个最坏的属性），最后生成归约集的属性。

另一种常用的维数归约方法是主成分分析法。对于高维数据，很多属性极有可能存在关联，这时对主成分分析就显得尤为重要。经过主成分分析后，几个原始变量的线性组合构成的变量就基本上可以解释所有原始数据的信息。主成分和原始数据相比，还有一个优点是它们互不相关（相关系数等于 0）。如果使用主成分作为解释变量来建立回归模型，就不会出现多重共线性的问题。

3. 数据压缩

使用一些编码方法压缩数据集，包括无损压缩和有损压缩。无损压缩可以根据压缩之后的数据完整地构造出压缩之前的数据，如字符串压缩；有损压缩无法通过压缩之后的数据来完整地构造出压缩之前的数据，如音频/视频压缩，有时可以在不解压缩整体数据的情况下，重构某个片段，主要应用于流媒体传输。小波变换和主要成分分析法是两种著名的有损数据压缩算法。

2.3.5　离散化和概念分层

离散化是将连续属性的数据范围划分为分段区间，使用某一范围的值来代替某一段的值，以减少需要处理数据的量，主要应用于三类数据类型：标称型（无序集合中的值）、序数（有序集合中的值）和连续值（实数）。离散化通过将属性域划分为区间，减少给定连续属性值的个数，区间的标号可以代替实际的数据值，因此可以有效地归约数据（如基于决策树的分类挖掘）。

概念分层是通过使用高层的概念来替代底层的属性值。

1. 离散化数值型数据

数值型数据的离散化可以通过分箱、直方图分析、聚类分析等方法进行。

（1）分箱（binning）。分箱技术用于数值数据的结果划分，可以产生概念分层。

（2）直方图分析（histogram）。直方图分析方法递归地应用于每一部分，可以自动产生多级概念分层。

（3）聚类分析。将数据划分成簇，每个簇形成同一概念层上的一个节点，每个簇可再分成多个子簇，形成子节点。

（4）基于熵的离散化。信息论是香农在 1948 年建立的关于信息传递不确定性的一系列理论，以数学的方法度量并研究信息，通过消除信号的不确定性程度来度量信息量的大小。

假设某信源 X 可能发出 r 种不同的信号 $x_1, x_2, \cdots, x_r$，对应的先验概率分别是 $p(x_1), p(x_2), \cdots, p(x_r)$，则其信源空间可表示为：

$$[X \bullet P]:\begin{cases} X: & x_1 & x_2 & \cdots & x_r \\ P(X): & p(x_1) & p(x_2) & \cdots & p(x_r) \end{cases}$$

$$\text{其中}\quad 0 \leqslant p(x_i) \leqslant 1 \quad (i=1,2,\cdots,r), \qquad \text{且} \sum_{i=1}^{r} p(x_i) = 1$$

信息熵：离散信源熵 $E(X)$ 为信源中各个信号不确定度的数学期望，即：

$$E(X) = \sum_{i=1}^{r} p(x_i) I(x_i) = -\sum_{i=1}^{r} p(x_i) \log p(x_i) \tag{2-13}$$

当某一信号 x_i 出现的概率 $p(x_i)$ 为零时，$p(x_i)\log\ p(x_i)$ 在熵公式中无意义，为此规定这时的 $p(x_i)\log p(x_i)$ 也为零，即 $0 \times \log 0 = 0$。当信源 X 中只含一个信号 x 时，必定有 $p(x) = 1$，此时信源熵 $E(X)$ 为零。

举个例子说明信息熵的物理含义。假设有一个六面体，每个面的标识为 1、2、3、4、

5、6。正常情况下，抛出该六面体后每个面朝上的概率是一样的，也就是1/6，这样信息熵为：

$$E_{正常}=-\sum_{i=1}^{6}\frac{1}{6}\log\frac{1}{6}=2.585$$

这个熵值还是比较大的。

现在对这个六面体的1号面对应的反面做一下处理，如加一块铅块，那么再抛出后，1号面始终在上面，这样出现取得概率为1，其他面为0，信息熵为：

$$E_{1面始终朝上}=-(1\times\log 1)-\sum_{i=2}^{6}0\log 0=0$$

可以看出，1号面确定朝上后的信息熵为0。这说明一旦信息确定了，熵就是0，所以熵是描述系统混乱程度的一个物理量。

值得注意的是，信息熵是有单位的。当对数以2为底时，熵的单位为比特（bit），当为自然对数时，熵的单位是纳特（nat）。

（5）通过自然划分分段。将数值区域划分为相对一致的、易于阅读的、看上去更直观或自然的区间。自然划分的3－4－5规则：如果一个区间最高有效位上包含3、6、7或9个不同的值，就将该区间划分为3个等宽子区间；如果一个区间最高有效位上包含2、4或8个不同的值，就将该区间划分为4个等宽的子区间；如果一个区间最高有效位上包含1、5或10个不同的值，就将该区间划分为5个等宽的子区间；再将该规则递归地应用于每个子区间。对于数据集中出现的最大值和最小值的极端分布情况，为避免上述方法出现的结果扭曲现象，可以在顶层分段时，选用一个比较大的概率空间5%～95%。

2. 分类数据的离散化

分类数据是指无序的离散数据，它有有限个值（可能是很多个）。属性的序代表属性之间的一个包含关系，在概念分层中表示层次的高低。

分类数据的概念分层生成方法：首先由用户或专家在模式级显式地说明属性的部分序，在定义数据库时就注明属性之间的包含关系，在进行数据汇总时，直接找到该包含关系，并利用此包含关系向上数据汇总，通过显示数据分组说明分层结构的一部分。

说明属性集，但不说明它们的偏序，然后系统根据算法自动产生属性的序，构造有意义的概念分层。那么如何根据实际的数据自动地生成一个偏序呢？根据在给定的属性集中每个属性所包含的不同值的个数，可以自动生成概念分层，不同值个数最多的属性将被放在概念分层的最底层。对只说明部分属性集的情况，则可根据数据库模式中的数据语义定义对属性的捆绑信息，以恢复相关属性。在定义数据库的同时定义一个捆绑信息，将存在偏序关系的几个属性捆绑在一起。

【例2－2】地质调查数据的预处理。某省为摸清全省矿山地质灾害情况，于2005年对全省范围内的矿山地质灾害进行调查，包括灾害类型、发生时间、灾害规模、影响范围、经济损失和死亡人数六个方面，共获得402条调查记录，部分数据见表2－2。

表 2-2　矿山地质灾害调查表（部分）

序号	灾害类型	发生时间	灾害规模	影响范围/km^2	经济损失/万元	死亡人数/人
1	矿坑突水	2001-09	小型	0	1 600	0
2	矿坑突水	2001-11	大型	0	100	13
3	地裂缝	1997	小型	0.019	0.38	0
4	地裂缝	2001	小型	0.02	0.4	0
5	地面塌陷	2001-12	小型	0.4	2	0
6	地裂缝	2002-06	小型	0.2	1	0
7	地裂缝	1997-05	小型	0.001	0.09	0
8	地裂缝	2001-04	小型	0.2	0.3	0
9	矿坑突水	1998-09	1 000 m^3/时	0	210	0
10	地面塌陷	—	小型	0.01	0	0
11	地面塌陷	—	小型	0.02	0	0
12	地面塌陷	—	＜10	4.99	374.85	0
13	地面塌陷	2001	小型	0.1	0.45	0
14	地裂缝	2000-05	小型	0.3	0.5	0
15	地面塌陷	1999	小型	0.3	2	0
16	地面塌陷	2001-09	小型	0.022	0.335	0
17	地面塌陷	2001	小型	0.02	3	0
18	地面塌陷	2001	小型	0.02	3	0
19	地面塌陷	2001	小型	0.02	3	0
20	地面塌陷	1972	小型	0.05	0	0

从表 2-2 可以看出，有些属性的数据缺少，还存在很多为 0 的数据，既有连续性数据，也存在标称数据，量纲、数值类型等不一，这给后续的数据分析带来困扰。为此需要对这些数据进行预处理。

考虑到项目要求为矿山地质灾害风险评价，是对地质灾害造成的经济损失、人员伤亡进行风险评估，因此对灾害类型、发生时间不做处理，仅考虑后面 4 个特征属性。

首先，灾害规模是一个标称数据，包括 3 种类型：小型、中型和大型，需要分别赋予一个合适的数据。考虑到后续计算需要，赋予一个（0，1）之间的数据，如小型赋值 0.3，中型赋值 0.6，大型赋值 0.8。之所以如此处理，是因为风险评估是一个分类模式识别问题，不会影响最后的计算结果。

其次，对影响范围、经济损失和死亡人数进行处理。这 3 个属性的数据都是连续型，因此可以采用归一化方法处理。

表 2-2 的数据经过预处理后，形成表 2-3 所示的数据。

表 2-3　矿山地质灾害调查表（部分）

序号	灾害规模	影响范围	经济损失	死亡人数
1	0.3	0.161 8	0.015 5	0
2	0.8	0.235 3	0.171 0	1
3	0.3	0.284 3	0.015 5	0
4	0.5	1	1	0
5	0.3	0.019 6	0.024 2	0
6	0.3	0.186 3	0.008 6	0
7	0.3	0.009 8	0.005 2	0
8	0.3	0.009 8	0.015 5	0
9	0.3	0.892 2	0.257 3	0
10	0.3	0.402 0	0	0
11	0.3	0.382 4	0	0
12	0.3	0.088 2	0	0
13	0.3	0.009 8	0	0
14	0.3	0	0	0
15	0.3	0.039 2	0.015 5	0
16	0.3	0.186 3	0	0
17	0.3	0.264 7	0.015 5	0
18	0.3	0.539 2	0.032 8	0
19	0.3	0.166 7	0.000 9	0
20	0.3	0.970 6	0.024 2	0

从表 2-3 可以看出，经过预处理后，数值都限定在［0，1］之间，这为进一步数据分析提供了便利。

2.4　距离和相似性度量

距离是反映两个对象之间、对象与集合或两个集合之间相隔远近的一个量，一般具有量纲，是矢量，刻画了两个事物之间关系的一个绝对量。相似性度量是衡量两个事物之间关系的一个量，可以是两者距离之差，具有量纲，反映了二者之间关系的绝对性，如距离；也可以是一个比值，反映了二者之间关系的相对性，如比率、疏密程度等。距离和相似性度量是聚类分析、分类挖掘、关联分析等方法的计算基础。

2.4.1　对象之间的距离

数学的发展为技术应用提供了理论基础，在数据挖掘技术中，有多种距离定义。

常用的距离主要有欧氏距离、曼哈顿距离、切比雪夫距离、闵可夫斯基距离、马氏距离等。

1. 欧氏距离

欧氏距离是最常用的一种距离计算方法，源自欧氏空间中两点间的距离公式。

（1）二维平面上两点 $a(x_1, y_1)$与 $b(x_2, y_2)$间的欧氏距离：

$$d = \sqrt{(x_1 - x_2)^2 + (y_1 - y_2)^2} \tag{2-14}$$

（2）三维空间中两点 $a(x_1, y_1, z_1)$与 $b(x_2, y_2, z_2)$间的欧氏距离：

$$d = \sqrt{(x_1 - x_2)^2 + (y_1 - y_2)^2 + (z_1 - z_2)^2} \tag{2-15}$$

（3）两个 n 维向量 $a(x_{11}, x_{12}, \cdots, x_{1n})$与 $b(x_{21}, x_{22}, \cdots, x_{2n})$之间的欧氏距离：

$$d = \sqrt{\sum_{k=1}^{n}(x_{1k} - x_{2k})^2} \tag{2-16}$$

也可以表示成向量运算的形式：

$$d = \sqrt{(x_1 - x_2)(x_1 - x_2)^{\mathrm{T}}} \tag{2-17}$$

2. 曼哈顿距离

想象一下，你在一个城市的市区内驾车，要从一个十字路口开车到另外一个十字路口，行走距离是两点间的直线距离吗？显然不是，而是根据道路形态走出一个“折线”或“曲线”。由于这种距离最初来自美国纽约曼哈顿街区路线，因此称之为曼哈顿距离（Manhattan distance）。

（1）二维平面两点 $a(x_1, y_1)$与 $b(x_2, y_2)$间的曼哈顿距离：

$$d = |x_1 - x_2| + |y_1 - y_2| \tag{2-18}$$

（2）两个 n 维向量 $a(x_{11}, x_{12}, \cdots, x_{1n})$与 $b(x_{21}, x_{22}, \cdots, x_{2n})$之间的曼哈顿距离：

$$d = \sum_{k=1}^{n}|x_{1k} - x_{2k}| \tag{2-19}$$

3. 切比雪夫距离

切比雪夫距离（Chebyshev distance）得名于俄罗斯数学家切比雪夫，定义如下：

（1）二维平面两点 $a(x_1, y_1)$与 $b(x_2, y_2)$间的切比雪夫距离：

$$d = \max(|x_1 - x_2|, |y_1 - y_2|) \tag{2-20}$$

（2）两个 n 维向量 $a(x_{11}, x_{12}, \cdots, x_{1n})$与 $b(x_{21}, x_{22}, \cdots, x_{2n})$之间的切比雪夫距离：

$$d = \max_{k}(|x_{1k} - x_{2k}|) \tag{2-21}$$

4. 闵可夫斯基距离

闵可夫斯基距离（Minkowski distance）不是一种距离，而是一组距离的定义。

两个 n 维变量 $a(x_{11}, x_{12}, \cdots, x_{1n})$ 与 $b(x_{21}, x_{22}, \cdots, x_{2n})$ 之间的闵可夫斯基距离定义为：

$$d = \sqrt[p]{\sum_{k=1}^{n} \left| x_{1k} - x_{2k} \right|^{p}} \tag{2-22}$$

其中 p 是一个非负数。当 $p=1$ 时，就是曼哈顿距离；当 $p=2$ 时，就是欧氏距离；当 $p\to\infty$时，就是切比雪夫距离。

5. 马氏距离

马氏距离（Mahalanobis distance）是由印度统计学家马哈拉诺比斯（P. C. Mahalanobis）提出的，表示点与一个分布之间的距离，是一种有效计算两个未知样本集的相似度的方法。与欧氏距离不同，马氏距离考虑了各种属性之间的联系（如人的身高与其体重相关），并且是尺度无关的（scale-invariant），即独立于测量尺度。

设有 m 个样本向量 $\boldsymbol{X}_1 \sim \boldsymbol{X}_m$，向量 $\boldsymbol{X}_i$ 与 $\boldsymbol{X}_j$ 之间的马氏距离定义为：

$$d(\boldsymbol{X}_i, \boldsymbol{X}_j) = \sqrt{(\boldsymbol{X}_i - \boldsymbol{X}_j)^{\mathrm{T}} \boldsymbol{S}^{-1} (\boldsymbol{X}_i - \boldsymbol{X}_j)} \tag{2-23}$$

若协方差矩阵是单位矩阵（各个样本向量之间满足独立同分布），则马氏距离就演变成了欧氏距离了。

$$d(\boldsymbol{X}_i, \boldsymbol{X}_j) = \sqrt{(\boldsymbol{X}_i - \boldsymbol{X}_j)^{\mathrm{T}} (\boldsymbol{X}_i - \boldsymbol{X}_j)} \tag{2-24}$$

6. 汉明距离

两个等长字符串 s_1 与 s_2 之间的汉明距离（Hamming distance）定义为将其中一个变为另外一个所需要做的最小替换次数。例如，字符串“1111”与“1001”之间的汉明距离为 2。

应用：为增强信息编码的容错性，应使得编码间的最小汉明距离尽可能大。

2.4.2 数据集之间的距离

一个对象和一个数据集、两个数据集之间，如何刻画它们之间的远近程度呢？这就需要定义对象与数据集、数据集与数据集之间的距离。

假设一个数据集 S 有 k 个属性，其中有 k_1 个分类属性、有 k_2 个数值属性，$k=k_1+k_2$，第 i 个属性 A_i 的取值范围为 V_i。

【定义 2-1】给定一个数据集 $C\subseteq S$，$a\in V_i$，则在 C 中属性 A_i 等于 a 的次数定义为属性 A_i 等于 a 出现的频度：

$$\mathrm{Freq}_{C|Ai}(a) = |\{\mathrm{object}|\mathrm{object}\in C，\mathrm{object}.A_i = a\}|。 \tag{2-25}$$

【定义 2-2】给定数据集 C，定义 C 的摘要信息（cluster summary information，CSI）为：$\mathrm{CSI}=\{n, \mathrm{sum}\}$，其中 $n=|C|$，即数据集 C 中包含对象的个数，sum 由分类属性中不同取值的频度信息和数值型属性的质心两部分构成，即：

$$\begin{aligned}\mathrm{sum} = \{<\mathrm{Stat}，\mathrm{Cen}>|\mathrm{Stat} = \{(a{:}\mathrm{Freq}_{C|Ai}(a)), (1\leqslant i\leqslant k_1)\}，\\ \mathrm{Cen}\text{ 为 }k_2\text{ 个数值属性对象的质心}\}\end{aligned} \tag{2-26}$$

【定义 2-3】给定数据集 S 的子数据集 C、C_1 和 C_2，对象 $x=\{x_1, x_2, \cdots, x_k\}$ 与 $y=\{y_1,$

y_2，…，y_k}，p>0。

（1）对象 x 与 y 在属性 A_i 上的距离定义如下：

对于分类属性，$d(x_i,y_i)=\begin{cases}1 & x_i \neq y_i \\ 0 & x_i = y_i\end{cases}$；

对于连续属性，$d(x_i,y_i)=|x_i-y_i|$。

（2）两个对象 x 与 y 之间的距离定义如下：

$$d(x,y)=\sqrt[p]{\sum_{i=1}^{k} d(x_i,y_i)^p} \tag{2-27}$$

可以看出，这个距离的定义实质上与闵氏距离是一致的。

（3）对象 x 与数据集 C 之间的距离定义为 x 与 C 的摘要之间的距离，即：

$$d(x,C)=\sqrt[p]{\sum_{i=1}^{k} d(x_i,A_i)^p} \tag{2-28}$$

其中，$d(x_i,A_i)$ 为 x 与 C 在属性 A_i 上的距离。对于数值属性，其值定义为 $d(x_i,A_i)=|x_i-v_i|$，这里 v_i 是具体数值；对于分类属性，其值定义为 x 与 C 中每个对象在属性 A_i 上的距离的算术平均值，即：

$$d(x_i,A_i)=1-\frac{\mathrm{Freq}_{C|Ai}(x_i)}{|C|} \tag{2-29}$$

（4）数据集 C_1 和 C_2 之间的距离定义为两个数据集的摘要间的距离，即：

$$d(C_1,C_2)=\sqrt[p]{\sum_{i=1}^{k} d(A_i^{C_1},A_i^{C_2})^p} \tag{2-30}$$

其中，$d(A_i^{C_1},A_i^{C_2})$ 是数据集 C_1 和 C_2 在属性 A_i 上的距离。对于数值属性，其值定义为 $d(A_i^{C_1},A_i^{C_2})=|v_i^{C_1}-v_i^{C_2}|$；对于分类属性，其值定义为 C_1 中每个对象与 C_2 中每个对象的差异的平均值：

$$\begin{aligned} d(A_i^{C_1},A_i^{C_2}) &= 1-\frac{\sum_{x_i\in C_1}\mathrm{Freq}_{C_1|A_i}(x_i)\times \mathrm{Freq}_{C_2|A_i}(x_i)}{|C_1|\times|C_2|} \\ &= 1-\frac{\sum_{y_i\in C_2}\mathrm{Freq}_{C_1|A_i}(y_i)\times \mathrm{Freq}_{C_2|A_i}(y_i)}{|C_1|\times|C_2|} \end{aligned} \tag{2-31}$$

2.4.3　相似性度量

在数据挖掘应用中，有时度量两个对象之间的关系，距离是一方面，还有其他方式进行考量，如夹角余弦（cosine）、杰卡德相似系数（Jaccard similarity coefficient）、相关系数（correlation coefficient）等。

1. 夹角余弦

几何中夹角余弦可用来衡量两个向量方向的差异，数据挖掘中借用这一概念来衡量样本向量之间的差异。

（1）在二维空间中向量 $\boldsymbol{a}$（x_1，y_1）与 $\boldsymbol{b}$（x_2，y_2）间的夹角余弦公式为：

$$\cos\theta = \frac{x_1x_2 + y_1y_2}{\sqrt{x_1^2 + y_1^2}\sqrt{x_2^2 + y_2^2}} \tag{2-32}$$

（2）两个 n 维向量 $\boldsymbol{a}$（x_{11}，x_{12}，…，x_{1n}）与 $\boldsymbol{b}$（x_{21}，x_{22}，…，x_{2n}）之间的夹角余弦公式为：

$$\cos(\theta) = \frac{\boldsymbol{a} \cdot \boldsymbol{b}}{|\boldsymbol{a}||\boldsymbol{b}|} = \frac{\sum_{k=1}^{n} x_{1k}\, x_{2k}}{\sqrt{\sum_{k=1}^{n} x_{1k}^2}\sqrt{\sum_{k=1}^{n} x_{2k}^2}} \tag{2-33}$$

夹角余弦取值范围为［−1，1］，其值越大表示两个向量的夹角越小，值越小表示两个向量的夹角越大。当两个向量的方向重合时，夹角余弦取最大值 1；当两个向量垂直时，夹角余弦取值 0；当两个向量的方向完全相反时，夹角余弦取最小值−1。

2. 杰卡德相似系数

两个集合 A 和 B 的交集元素在 A、B 的并集中所占的比例，称为两个集合的杰卡德相似系数，用符号 J（A，B）表示。公式如下：

$$J(A,B) = \frac{|A \cap B|}{|A \cup B|} \tag{2-34}$$

杰卡德相似系数是衡量两个集合相似度的一种指标。

杰卡德距离：与杰卡德相似系数相反的概念是杰卡德距离（Jaccard distance），可用以下公式表示：

$$J_\delta(A,B) = 1 - J(A,B) = \frac{|A \cup B| - |A \cap B|}{|A \cup B|} \tag{2-35}$$

杰卡德距离用两个集合中不同元素占所有元素的比例来衡量两个集合的区分度。

假设，样本 A 与样本 B 是两个 n 维向量，而且所有维度的取值都是 0 或 1，例如，A（0111）和 B（1011）。将样本看作一个集合，1 表示集合包含该元素，0 表示集合不包含该元素。

p：样本 A 与 B 对应位置都是 1 的个数；

q：样本 A 是 1，样本 B 对应位置是 0 的个数；

r：样本 A 是 0，样本 B 对应位置是 1 的个数；

s：样本 A 与 B 对应位置都是 0 的个数。

那么样本 A 与 B 的杰卡德相似系数可以表示为：

$$J = \frac{p}{p+q+r} \tag{2-36}$$

这里 $p+q+r$ 可理解为 A 与 B 的并集（逻辑或）的元素个数，而 p 是 A 与 B 的交集

（逻辑与）的元素个数。

3. 相关系数与相关距离

相关关系是一种非确定性的关系，是研究变量之间线性相关程度的量。相关系数最早由英国统计学家卡尔·皮尔逊提出，因此也常称作皮尔逊相关系数。

设有两个向量 $\boldsymbol{X}$（x_1，x_2，…，x_n）与 $\boldsymbol{Y}$（y_1，y_2，…，y_n），皮尔逊相关系数定义如下：

$$\rho_{XY}=\frac{S(\boldsymbol{X},\boldsymbol{Y})}{\sigma(\boldsymbol{X})\sigma(\boldsymbol{Y})} \tag{2-37}$$

其中，$S(\boldsymbol{X},\boldsymbol{Y})$ 是向量 $\boldsymbol{X}$ 和 $\boldsymbol{Y}$ 的协方差，$\sigma(\boldsymbol{X})$、$\sigma(\boldsymbol{Y})$ 分别为 $\boldsymbol{X}$、$\boldsymbol{Y}$ 的方差。

通过估算样本的标准差和协方差，可以得到样本相关系数，一般用小写字母 r 表示：

$$r=\frac{\sum_i (x_i-\overline{x}_i)(y_i-\overline{y}_i)}{\sqrt{\sum_i (x_i-\overline{x}_i)^2}\sqrt{\sum_i (y_i-\overline{y}_i)^2}} \tag{2-38}$$

相关系数的取值范围是［-1，1］，其绝对值越大，表明 X 与 Y 相关度越高。当 X 与 Y 线性相关时，相关系数取值为 1（正相关）或 -1（负相关）。

相关距离（correlation distance）：与相关系数相反的是相关距离，定义如下：

$$d_{XY}=1-\rho_{XY} \tag{2-39}$$

2.5 本章小结

数据分析首先需要了解有关数据的若干基本概念，分析其统计特征，然后再根据目标要求选择合适的预处理方法和数据度量方法，以进行进一步的分析。本章介绍了数据的基本类型、特点和统计特征，从数据清理、数据集成、数据变换、数据归约等几个方面介绍了数据预处理方法，最后给出了关于对象与对象之间、对象与数据集之间、数据集与数据集之间的一些距离定义和度量定义，为进一步的数据分析提供理论基础。

习　题

（1）简述数据预处理方法和内容。

（2）简述数据清理的基本内容。

（3）简述处理空缺值的方法。

（4）常见的分箱方法有哪些？数据平滑处理的方法有哪些？

（5）何谓数据规范化？规范化的方法有哪些？写出对应的变换公式。

第3章

数据仓库及联机分析处理

数据库中的数据是原始的数据记录，常常伴随着缺失值、冗余、重复计数、不规范、不统一、不一致等问题，经过数据预处理后才能使用。那么预处理之后的数据存放在哪里呢？这就需要使用数据仓库了。不仅如此，随着数据库技术的发展和应用的普及，人们不再仅仅满足于一般的业务处理，而对系统提出了更高的要求，如提供决策支持，这也需要利用数据仓库技术。

3.1 数据仓库概念

对于数据仓库（warehouse）的定义，不同的使用者有不同的理解。工商企业人员认为数据仓库是一种把相关的各种数据转换成有商业价值的信息技术，而数据分析师则认为数据仓库是一种面向分析的环境。数据仓库本质上是一种数据库，它与传统数据库不同，数据仓库系统允许将各种应用系统集成在一起，为统一的历史数据分析提供平台，对信息处理提供有力支持，为数据使用者提供一种体系结构和工具，以便他们能系统地组织、理解和应用数据来进行决策。

3.1.1 数据仓库定义及关键特征

数据仓库系统著名架构师 William H.Inmon 认为：数据仓库是一个面向主题的、集成的、时变的、非易失的数据集合，支持管理者的决策过程。这个定义说明数据仓库与其他数据存储系统（如关系数据库系统、事务处理系统和文件系统等）存在本质区别。

（1）面向主题的（subject-oriented）：数据仓库围绕一些重要主题，如顾客、供应商、产品等，关注决策者的数据建模与分析，而不是单位的日常操作和事务处理。

（2）集成的（integrated）：通常构造数据仓库是将多个异构数据源，如关系数据库、一般文件和联机事务处理记录集成在一起，使用数据清理和数据集成技术，确保命名约定、编码结构、属性度量等的一致性。

（3）时变的（time-variant）：数据存储从历史的角度提供信息，因此数据仓库中的关键结构都包含时间元素。

（4）非易失的（nonvolatile）：数据仓库在物理层面分开存放应用数据，因此不需要事务处理、恢复和并行控制机制，但需要数据初始化装入和数据访问这两种数据访问操作。

可以看出，数据仓库是一种语义上一致的数据存储，把来源不同的数据进行集成，为用户提供决策和分析的平台，充当决策支持数据模型的物理实现，存放企业战略决策所需要的信息。数据仓库常被看作是一种体系结构，通过将异构数据源中的数据集成在一起而构建，支持结构化及专门的查询、分析报告和决策制定。

3.1.2　数据仓库与传统数据库系统的区别

与传统数据库对比一下，更容易理解数据仓库。

面向数据库的联机事务处理（online transaction processing，OLTP）系统主要任务是执行联机事务和查询操作，如查询库存、购物下单、记账、销账等。而数据仓库系统则着力于数据分析和决策方面，为用户提供知识挖掘服务，称作联机分析处理（online analytical processing，OLAP）系统。

OLTP 系统和 OLAP 系统的主要区别如下。

（1）用户和系统的面向性。OLTP 系统是面向用户的，注重于事务和查询处理；OLAP 系统是面向市场的，用于数据分析和决策。

（2）数据内容。OLTP 系统管理当前数据，很难用于决策；OLAP 系统管理大量历史数据，提供汇总和聚集机制，并在不同的粒度层上存储和管理信息，从而进行决策。

（3）数据库设计。OLTP 系统采用 E-R 数据模型和面向应用的数据库设计；OLAP 系统采用星形或雪花模式和面向主题的数据库设计。

（4）视图。OLTP 系统主要关注一个企业或部门内部的当前数据，而不涉及历史数据或其他单位的数据；OLAP 系统常常需要多个数据库模式，处理来自不同单位的信息，以及由多个数据库集成的信息。由于数据量巨大，OLAP 数据也存放在多个存储介质上。

（5）访问模式。OLTP 系统的访问主要由短的原子事务组成，需要并行控制和恢复机制；OLAP 系统主要是只读操作（多为历史数据），可能查询复杂。

OLTP 和 OLAP 还存在其他不同，如数据库大小、操作的频繁程度、性能度量等，见表 3－1。

表 3－1　OLTP 系统与 OLAP 系统的比较

特征	OLTP 系统	OLAP 系统
特性	操作处理	信息处理
面向	事务	分析
用户	办事员、DBA、数据库专业人员	专业人员（如经理、主管、分析人员）
功能	日常操作	长期信息需求、决策支持
DB 设计	基于 E-R 模型，面向应用	星形/雪花模式、面向主题
数据	当前的、确保最新	历史的、跨时间维护
汇总	原始的、高度详细	汇总的、统一的

续表

特征	OLTP 系统	OLAP 系统
视图	详细、一般关系	汇总的、多维的
工作单元	短的、简单事务	复杂查询
访问	读/写	大多为读
关注	数据进入	信息输出
操作	主码上索引/散列	大量扫描
访问记录数量	数十	数百万
用户数	数千	数百
DB 规模	从 GB 到高达 TB	≥TB
优先	高性能、高可用性	高灵活性、终端用户自治
度量	事务吞吐量	查询吞吐量、响应时间

3.1.3 数据仓库的体系结构

通常，数据仓库采用 3 层体系结构，如图 3－1 所示。

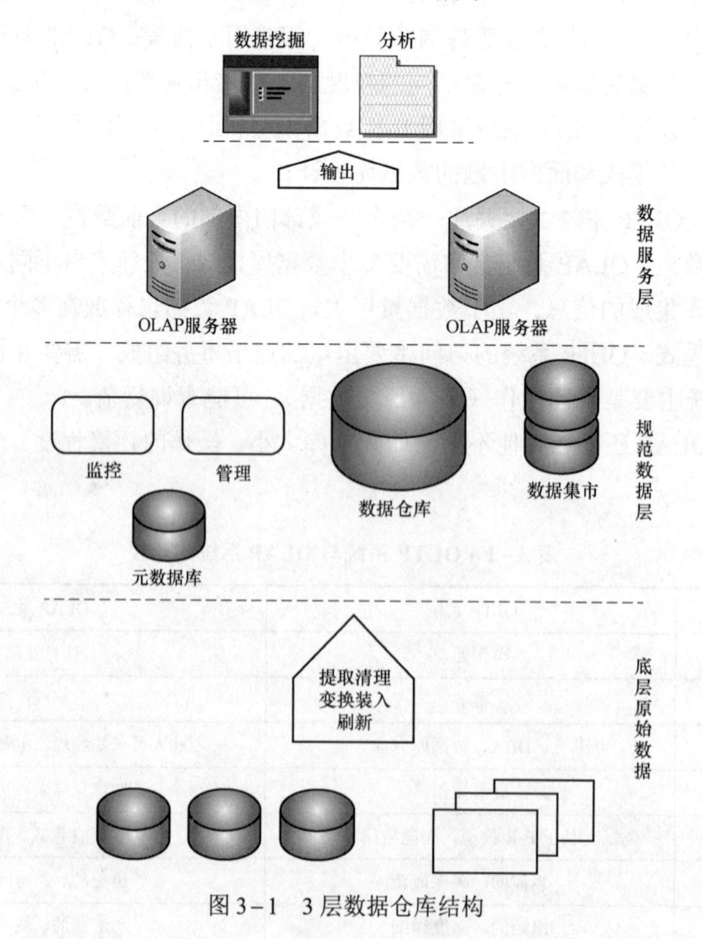

图 3－1　3 层数据仓库结构

从图 3－1 看出，这是一个标准的 3 层结构。底层是传统数据库服务器系统，利用后端工具软件（如微软的 ODBC），从操作数据库或其他数据源提取数据，存入底层。该层还包括元数据库，存放关于数据仓库及其说明信息。

中间层是 OLAP 服务器，将多维数据的操作映射为标准的关系操作或直接实现多维数据和操作。

顶层是前端客户层，包括查询和报告、分析工具及数据挖掘工具等。

3.1.4　几种数据仓库模型

从结构的角度看，主要有 3 种数据仓库模型：企业仓库、数据集市和虚拟仓库。

企业仓库（enterprise warehouse）：搜集了关于主题的所有信息，覆盖整个企业，提供企业范围内的数据集成，可以包括一个或多个传统数据库系统。它需要广泛的商务建模，可能需要多年设计和建设。

数据集市（data mart）：面向特定用户群，是企业仓库的一个子集，通常是汇总数据，其范围限于选定的主题。例如，销售数据集市可能限定其主题为顾客、商品和销售。

虚拟仓库（virtual warehouse）：虚拟仓库是操作数据库上视图的集合。为了有效地处理查询，只有一些可能的汇总视图被物化。

3.1.5　元数据库

元数据是关于数据的数据。在数据仓库中，元数据是定义数据仓库对象的数据。从图 3－1 可以看出，元数据库在数据仓库体系结构的底层。元数据包括数据名和定义、时间标签、数据源、补充的缺失字段等。

元数据库包括以下内容。

（1）数据仓库结构的描述，包括仓库模式、视图、维、分层结构、导出数据的定义，以及数据集市的位置和内容。

（2）操作元数据，包括数据来源、数据流通和管理信息。

（3）用于汇总的算法，包括度量定义、数据粒度、划分、主题领域、聚集、汇总、预定义的查询和报告。

（4）操作环境到数据仓库的映射，包括元数据库和它们的内容，信关描述，数据划分，数据提取、清理、转换规则和默认值，数据刷新和净化规则，以及安全性等。

（5）关于系统性能的数据，包括刷新、更新和复制周期，数据存取、索引和摘要。

（6）商务元数据，包括商务术语和定义，数据拥有者信息和收费规则等。

在数据仓库中，元数据扮演很不同的角色，也是很重要的一个角色。例如，元数据用作目录，帮助决策支持系统分析者对数据仓库的内容定位；当数据由操作环境到数据仓库环境转换时，作为数据映射的指南，等等。元数据应当持久存放和管理。

3.2 数据仓库建模

数据仓库中的数据是多维的，因此可以看作数据立方体。

3.2.1 数据立方体

数据立方体（data cube）是一种多维数据模型，由维度和事实加以描述。

下面以一个具体实例加以说明。

小王创建了一个货物销售数据仓库 sales，记录商店的销售情况，包括 4 个字段：quarter、item、branch 和 location，见表 3－2。

表 3－2 销售数据表

单位：元

location＝“北京”				
quarter（季度）	item（类型）			
	家庭娱乐	计算机	电话	安全
Q1	605	825	14	400
Q2	680	952	31	512
Q3	812	1023	30	501
Q4	927	1038	38	580

现在从三维角度观察这个销售数据。例如，从 quarter、item 和 location 观察数据。其中 location 包括北京、上海、哈尔滨和广州。三维数据见表 3－3。

表 3－3 销售数据的三维表格

单位：元

quarter	location＝"北京" item				location＝"上海" item				location＝"哈尔滨" item				location＝"广州" item			
	家庭娱乐	计算机	电话	安全	家庭娱乐	计算机	电话	安全	家庭娱乐	计算机	电话	安全	家庭娱乐	计算机	电话	安全
Q1	854	882	89	623	1087	968	38	872	819	746	43	591	605	825	14	400
Q2	943	890	64	698	1130	1024	41	925	894	769	52	682	680	952	31	512
Q3	1032	924	59	789	1034	1048	45	1002	940	795	58	728	812	1023	30	501
Q4	1129	992	63	870	1142	1091	54	984	978	864	59	784	927	1038	38	580

以立方体表示如图 3－2 所示。

假如再增加一个维度，如供应商 supplier。可以将四维立方体看成多个三维立方体的序列，如图 3－3 所示。可以把任意 n 维数据立方体显示成（$n-1$）维“立方体”的序列。

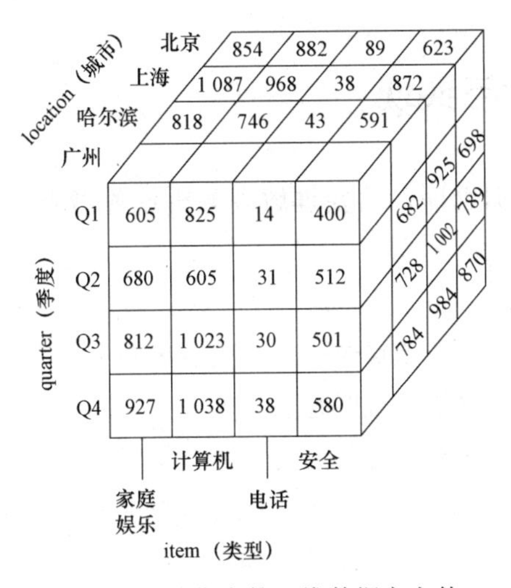

图3－2　销售表的三维数据立方体

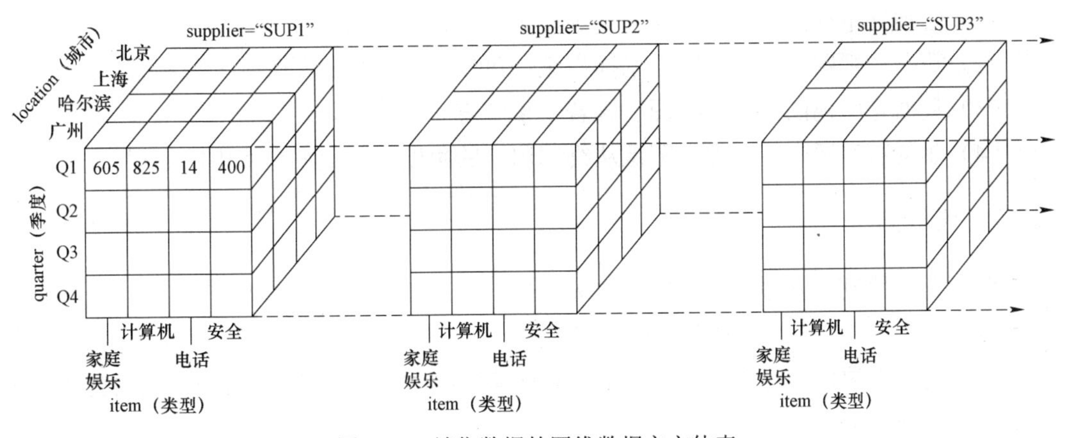

图3－3　销售数据的四维数据立方体表

3.2.2　多维数据模型的模式

比较流行的数据仓库的数据模型是多维数据模型，这种模型可以是星形模式、雪花模式或事实星座模式。

星形模式（star schema）：这是一种常见的模型模式，包括一个大中心表（事实表）、一组小的附属表（每维一个表）。这种模式图很像星光四射，维表显示在围绕中心表的射线上。

雪花模式（snowflake schema）：雪花模式是星形模式的变种，其中某些维表被规范化，因而把数据进一步分解到附加的表中，形成类似于雪花的形状。

雪花模式和星形模式的主要区别在于，雪花模式的维表是规范化形式，以便减少冗余，易于维护，节省存储空间。但由于执行查询操作需要更多的连接操作，雪花结构可能降低浏览的效率，影响性能。因此，在数据仓库设计中，雪花模式不如星形模式流行。

事实星座模式（fact constellation schema）：复杂的应用可能需要多个事实表共享维表。这种模式可以看作星形模式的汇集，因此称作星系模式（galaxy schema）或事实星座。

3.3 数据仓库设计与实现

为设计一个有效的数据仓库，需要理解和分析业务需求，并构造一个业务分析框架。

3.3.1 设计视图

众所周知，在开发一个软件项目时，是从需求分析开始的。在面向对象的软件项目开发时，需要按照不同的分析对象和视图进行分析，如在构建企业管理系统时，往往需要从用户、内部职工、管理者、系统管理员等角色的视图开始分析。同样的，在设计数据仓库时，首先要确定设计视图，包括自顶向下视图、数据源视图、数据仓库视图、业务查询视图等，这些视图综合起来形成了一个完整的系统框架。不同视图对应不同的实现对象，如数据仓库视图对应数据仓库驱动的对象，自顶向下视图对应自顶向下驱动的对象。

（1）自顶向下视图。这类视图从全局宏观角度设计数据仓库。

（2）数据源视图。这类视图表示操作系统可以获取、存储和管理的数据信息。

（3）数据仓库视图。这类视图包含若干事实表和多个维表。

（4）业务查询视图。这类视图是从终端用户的角度观察数据仓库中的数据。

3.3.2 设计方法

数据仓库的设计方法主要有自上向下、自下向上和两种方法的混合。

（1）自上向下：从总体的设计和规划开始，一直延续到底层的设计和实现工作。这种方法比较适用于被挖掘对象的应用需求具有明确把握和掌控的情况。这种方法的优点是可以从总体上规划数据仓库。

（2）自下向上：从实验系统和原型系统开始，这种方法的优点在于设计速度快，在开发早期比较实用。

（3）混合方法：结合了自上向下和自下向上各自的优点，既可以从全局的角度规划设计，也可以自下向上进行快速的数据仓库设计。

从软件工程的角度看，数据仓库的设计过程包含以下步骤：规划、需求研究、问题分析、仓库设计、数据集成和测试，最后部署数据仓库。

不同的设计方法适合不同的业态和环境，需要根据具体项目进行通盘考量。表 3－4 列出了自上向下和自下向上两种方法的优缺点对比，在设计数据仓库时可以参考。

表 3－4　自上向下和自下向上设计方法的对比

方法	优点	缺点
自上向下	（1）一次性完成数据重构工作 （2）最小化数据冗余度和不一致性 （3）存储详细的历史数据	（1）数据集市直接依赖数据仓库的可用性 （2）投资成本不易实现短期回报，因为一次性建立企业数据仓库成本较高
自下向上	（1）快速投资回报收益 （2）设计方案可伸缩性强 （3）对不同部门的应用容易复制	（1）对每个数据集需要数据重构 （2）存在一定的冗余及不一致性 （3）限制在一个主题区域

数据仓库包含海量数据，OLAP 服务器要在数秒内回答决策支持查询，因此，数据仓库系统要支持高效的数据立方体计算技术、存取方法和查询处理技术。数据仓库的构造是一项长期的任务，因此最初应当明确它的实现目标，详细、确定、可实现和可测量。部署数据仓库阶段，包括初始化安装、首次展示规划、培训和熟悉情况等，后续的升级和维护也要考虑。

3.4　本章小结

本章主要介绍了数据仓库的概念、关键特征、体系结构等，以联机事务处理（OLTP）系统和联机分析处理（OLAP）系统的区别为例介绍了数据挖掘系统与数据库系统的不同，详细介绍了数据仓库的建模思路。

习　　题

（1）什么是数据仓库？其主要特征是什么？

（2）何谓 OLTP 和 OLAP？它们的主要异同有哪些？

（3）简述数据仓库的三层体系结构。

（4）数据仓库模型结构主要有几种？分别是什么结构模型？

（5）目前流行的数据仓库的多维数据模型主要有哪些模式？

第4章

回 归 分 析

“回归”一词最早是由 19 世纪后期的英国生物学家兼统计学家弗朗西斯·高尔顿（Frances Galton）在研究人类遗传问题时提出来的，其大意是：不管父母辈的身高是多少，其后代身高都会向平均身高靠近，称作趋中回归，这就是回归效应，其实质是一种统计方法。回归分析可以对预测变量和响应变量之间的联系进行建模。

在数据挖掘环境下，预测需要建立连续函数值模型，预测将来达到的目标或发展趋势，偏向于预测一个相对确定的数据。预测变量是描述样本的感兴趣的属性，一般预测变量的值是已知的，响应变量是要预测的那个，也就是目标变量。当响应变量和所有预测变量都是连续值时，回归分析是一个好的选择。许多问题可以用线性回归解决，而且很多问题可以通过对变量进行变换，将非线性问题转换为线性问题来处理。回归分析包括：线性回归、非线性回归及逻辑回归等。

4.1 线性回归分析

线性回归包括一元线性回归和多元线性回归。

4.1.1 一元线性回归分析

一元线性回归分析涉及一个响应变量 y 和一个预测变量 x，它是最简单的回归形式，并用 x 的线性函数对 y 进行建模。即：

$$y = b + wx$$

其中 y 的方差假定为常数，b 和 w 是回归系数，分别代表直线的 y 轴截距和斜率。回归系数 b 和 w 也可以看成是权重，则上式可以等价表示为：

$$y = w_0 + w_1 x$$

这些系数可以通过最小二乘方法求解，它将最佳拟合直线估计为最小化实际数据误差的直线。

设 D 是训练集，由预测变量 x 及其相关联的响应变量 y 的值组成。训练集包含 m 个形如$(x_1, y_1), (x_2, y_2), \cdots, (x_m, y_m)$ 的数据点。回归系数可以用下式估计：

$$w_1 = \frac{\sum_{i=1}^{m}(x_i - \bar{x}) \times (y_i - \bar{y})}{\sum_{i=1}^{m}(x_i - \bar{x})^2} \tag{4-1}$$

$$w_0 = \bar{y} - w_1 \bar{x} \tag{4-2}$$

其中 $\bar{x}$ 是 x_1，x_2，…，x_m 的均值，而 $\bar{y}$ 是 y_1，y_2，…，y_m 的均值。

【例 4-1】某公司前 11 个月每月销售情况见表 4-1，请使用线性回归方法预测该公司第 12 个月的销售额。

表 4-1　某公司前 11 个月销售额

月份	销售额/万元
1	6.7
2	7.2
3	7.5
4	8.1
5	8.7
6	8.8
7	9.3
8	9.6
9	10.4
10	11.5
11	11.8

【解】首先对样本数据做散布图，如图 4-1 所示。

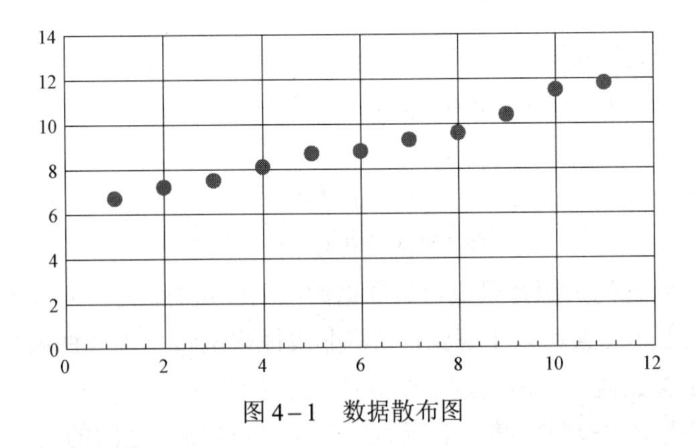

图 4-1　数据散布图

从散布图看，数据基本上在一条直线上。利用给定表中的数据，分别计算平均值 $\bar{x}=6$ 和 $\bar{y}=9.05$，然后代入 w_0 和 w_1 的公式：

$$w_1 = \frac{(1-6)\times(6.7-9.05)+(2-6)\times(7.2-9.05)+(3-6)\times(7.5-9.05)+\cdots+(11-6)\times(11.8-9.05)}{(1-6)^2+(2-6)^2+(3-6)^2+\cdots+(11-6)^2} = 0.5$$

$$w_0 = 9.05 - w_1 \times 6 = 6.05$$

这样，最小二乘估计的直线方程为 $y=0.5x+6.05$，使用此线性方程预测该公司第 12 个月的销售额为：$y=0.5\times12+6.05=12.05$（万元）。

4.1.2 多元线性回归分析

多元线性回归是一元线性回归的扩展，利用多个预测变量计算响应变量的值。在各个预测变量满足相互独立、正态分布的条件下，它允许响应变量 y 用描述样本 X 的 n 个预测变量或属性 X_1，X_2，…，X_n 的线性函数建模，并估算总体的置信区间。假设训练数据集包含形如：$(x_1, x_2, \cdots, x_n, y_1), (x_1, x_2, \cdots, x_n, y_2), \cdots, (x_1, x_2, \cdots, x_n, y_n)$ 的数据，满足预测变量独立性和正态分布条件，那么多元线性回归模型如下：

$$y=w_0+w_1x_1+w_2x_2+w_3x_3+\cdots+w_nx_n+\varepsilon \qquad (4-3)$$

其中ε是一个很小的数。基于两个预测属性的多元线性回归模型的例子如下：

$$y=w_0+w_1x_1+w_2x_2 \qquad (4-4)$$

可以利用上面介绍的最小二乘法，求解 w_0，w_1，w_2，当然这个时候可以用统计软件来求解，如 SPSS、SAS 等。

4.2 非线性回归分析

在实际的工程或科学应用中，很多模型的响应变量 y 对预测变量 x 不是线性的，如下面几个模型。

指数模型： $y=b_0+b_1\mathrm{e}^x$

对数模型： $y=b_0+b_1\ln x$

多项式模型： $y=b_0+b_1x+b_2x^2+\cdots+b_nx^n$

利用我们学过的数学知识，上述这些模型可以通过一些变换，将非线性模型转为线性模型加以处理。例如，令 $u=\mathrm{e}^x$，$v=\ln x$，$x_i=x^i$，这里 $i=1$，2，…，n，则上述 3 个模型变为：

$$y=b_0+b_1u$$

$$y=b_0+b_1v$$

$$y=b_0+b_1x_1+b_2x_2+\cdots+b_nx_n$$

从工程或科学问题的来源背景或给定数据的散列图进行观察，可以帮助我们选择合适的非线性模型。从上述变换可以了解到，先将非线性模型转化为线性模型，然后再通过线性回归的方法确定参数值。下面通过一个具体例子来说明。

【例 4-2】在化学实验中，某种溶液的浓度 ρ 与 pH 值 h 之间的关系见表 4-2，求二者之间的数学模型。

表 4-2 溶液浓度与 pH 值的实验数据表

序号	ρ	h
1	0.043	0.102

续表

序号	ρ	h
2	0.045	0.139
3	0.065	0.231
4	0.098	0.369
5	0.138	0.601
6	0.205	0.801
7	0.249	0.991
8	0.321	1.119
9	0.386	1.211
10	0.427	1.248
11	0.476	1.301

【解】根据表格 4－2 的数据绘出数据点的散列图，如图 4－2 所示。

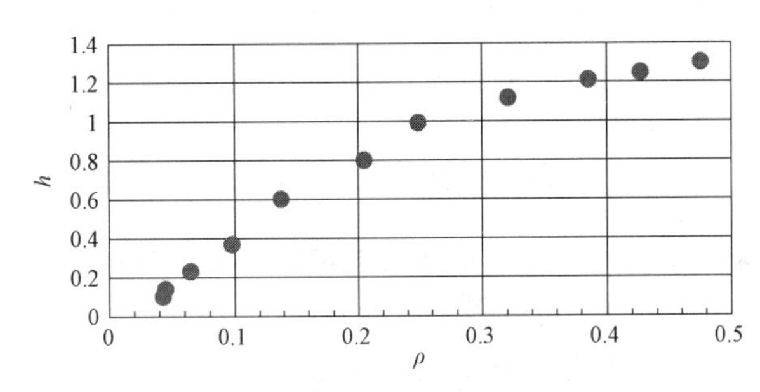

图 4－2　示例数据与其二维散列图

可以明显看出，这不像一条直线，倒很像一条对数曲线，因此可设回归方程为 $h=b+a\ln\rho$，这里 a，b 为待求系数。

设 $X=\ln\rho$，那么有：

$$h=b+aX$$

这就成为一个直线方程了。

对表 4－2 进行重新组织，得到表 4－3。

表 4－3　表格 4－2 的转化表

序号	X	h
1	－3.147	0.102
2	－3.101	0.139
3	－2.733	0.231
4	－2.323	0.369
5	－1.981	0.601
6	－1.585	0.801
7	－1.390	0.991

续表

序号	X	h
8	−1.136	1.119
9	−0.952	1.211
10	−0.851	1.248
11	−0.742	1.301

表格 4–3 的散列图如图 4–3 所示。

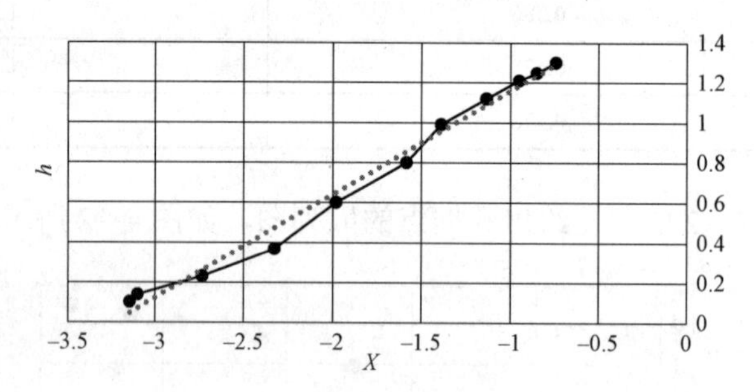

图 4–3　实验数据的散列图

这很明显类似一条直线，说明 pH 值与溶液浓度的对数具有线性关系。

利用式（4–1）、式（4–2）可以得到线性方程：

$$h=0.517X+1.675$$

将 X 代回 $\ln\rho$，得到：

$$h=0.517\ln\rho+1.675$$

这个式子就是这种溶液的浓度与 pH 值的关系式。

4.3　逻辑回归分析

逻辑回归即 Logistic 回归分析，与多元线性回归有很多共同之处，也是一种广义的线性回归分析模型（generalized linear model），最大差别是因变量不同。如果数据分布具有连续性，则为多元线性回归，如果是离散的就是逻辑回归，因此逻辑回归主要用于分类问题。

对于单变量来说，逻辑回归主要用于二分类问题，即输出 1 或 0，因此数据分布函数可以利用 Sigmoid 函数（S–函数，也称作 Logistic 函数，译为逻辑函数）表示。即：

$$y=\frac{1}{1+\mathrm{e}^{-x}} \tag{4–5}$$

对应的曲线如图 4–4 所示。

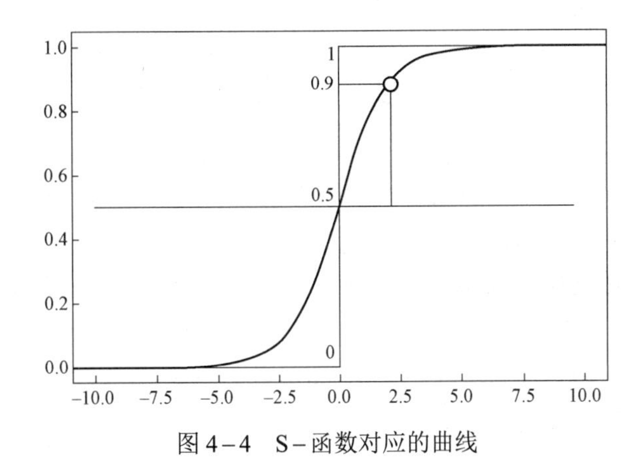

图 4−4　S−函数对应的曲线

图 4−4 将 S−函数与单位阶跃函数放在一起，便于对比。该 S−函数的值域是（0，1），这就跟概率取值基本一致了。如二分类问题，假如取 1 的概率为 $y=0.9$，那么取 0 的概率就是 $1-y=0.1$，两者的比值 $\frac{y}{1-y}$ 称为几率。

如果在式（4−5）中，用线性函数 $a+bx$ 代替 $-x$，概率函数 $p(x)$ 代替 y，那么有：

$$p(x)=\frac{1}{1+\mathrm{e}^{a+bx}} \tag{4-6}$$

经过简单的数学变换，得到：

$$\ln\frac{p(x)}{1-p(x)}=a+bx \tag{4-7}$$

就是说，概率的对数是线性回归模型。通过求取系数 a、b 可以获得关于概率函数 $p(x)$ 与 x 的线性方程。

将式（4−7）扩展为多元情况，得到多元线性关系式：

$$\ln\frac{p(x)}{1-p(x)}=b_0+b_1x_1+\cdots+b_mx_m \tag{4-8}$$

经过数学变换，可以得到概率函数 $p(x)$ 为：

$$p(x)=\frac{\mathrm{e}^{b_0+b_1x_1+\cdots+b_mx_m}}{1+\mathrm{e}^{b_0+b_1x_1+\cdots+b_mx_m}} \tag{4-9}$$

多元逻辑回归模型参数的估计可以采用极大似然估计方法。利用极大似然估计算法对参数进行计算时需要满足所有采样样本是独立同分布的，其基本思想是让所需样本出现的概率最大，也就是利用已知的样本结果信息，经过反演得到导致这种结果的最大可能模型参数值。

4.4　本章小结

本章介绍了线性回归分析、非线性回归分析和逻辑回归分析等关于回归分析的内容，适合于连续数值型属性的趋势预测。

习　题

（1）单变量 Logistic 回归分析的因变量主要适用于（　　）问题。

A. 单值　　B. 多值　　C. 三值　　D. 二值

（2）经典多元线性回归建模中预测变量具有（　　）假设是必需的，它用于推算预测值的（　　）。

A. 卡方分布　模型区间　　B. 正态分布　模型区间

C. 卡方分布　置信区间　　D. 正态分布　置信区间

（3）多元线性回归的目的是（　　）。

A. 用自变量的函数预测因变量的值

B. 研究一个因变量与一组自变量的依存关系

C. 观察个体的随机独立性之间相互独立

D. 自变量是固定数值型变量，且相互独立

（4）请解释线性回归与逻辑回归的区别。

（5）简述 Logistic 回归模型思想。

第 5 章

数据分类与预测

第 4 章介绍了回归分析，主要用于连续性数据的趋势预测。但现实工程中更多的是离散型数据，以及对其进行的分类分析。分类是根据训练数据集和类标号属性，构建数学模型来对现有数据进行分类，并用来分类新数据。因此需要构造一个分类器来预测类属编号，如预测顾客类别、地质灾害级别等。例如，银行贷款员需要分析数据库中的数据，以弄清哪些贷款申请者是安全的，哪些贷款申请者是有风险的（将贷款申请者分为“安全”和“有风险”两大类），这是分类问题。如果顾客是安全的，那么银行贷款员还需要预测贷给这个顾客多少钱是安全的。这就需要根据该顾客以往的信贷情况和还款情况，构造一个预测器，预测一个连续值函数或有序值，这就需要用到第 4 章介绍的回归分析方法。

分类和预测的典型应用有欺诈检测、市场定位、性能预测、医疗诊断等。

5.1 分类定义

分类（classification）任务就是通过学习获得一个目标函数（target function）f，将每个属性集 x 映射到一个预先定义好的类标号 y。分类任务的输入数据是记录的集合，每条记录也称为实例或样例。用元组（x，y）表示，其中，x 是属性集合，y 是一个特殊的属性，指出样例的类标号（也称为分类属性或目标属性）。例如，可以将动物按照体温分为恒温动物和冷血动物，还可以按照属性分为哺乳动物、爬行动物、鸟类动物等，见表 5－1。

表 5－1　动物分类表

名称	体温	表皮覆盖	胎生	水生动物	飞行动物	有腿	冬眠	类标号
人类	恒温	毛发	是	否	否	是	否	哺乳类
海龟	冷血	鳞片	否	半	否	是	否	爬行类
蛇	冷血	鳞片	否	半	否	否	是	爬行类

续表

名称	体温	表皮覆盖	胎生	水生动物	飞行动物	有腿	冬眠	类标号
鸽子	恒温	羽毛	否	否	是	是	否	鸟类
鲸	恒温	毛发	是	是	否	否	否	哺乳类

分类问题使用的数据集格式如下。

■ 描述属性可以是连续型属性，也可以是离散型属性；而类别属性必须是离散型属性。

■ 连续型属性是指在某一个区间或无穷区间内该属性的取值是连续的，如属性“Age”。

■ 离散型属性是指该属性的取值是不连续的，如属性“色彩”和“班级”。

5.2 分类挖掘一般过程

第一步，训练学习，目标是建立描述预先定义的数据类或概念集的分类器。假定每个元组属于一个预定义的类，由一个类标号属性确定。由为建立模型而被分析的数据元组形成训练数据集。训练数据集中的单个样本（元组）形成训练样本。学习模型可以用分类规则、决策树或数学公式的形式提供。训练过程如图 5－1 所示。

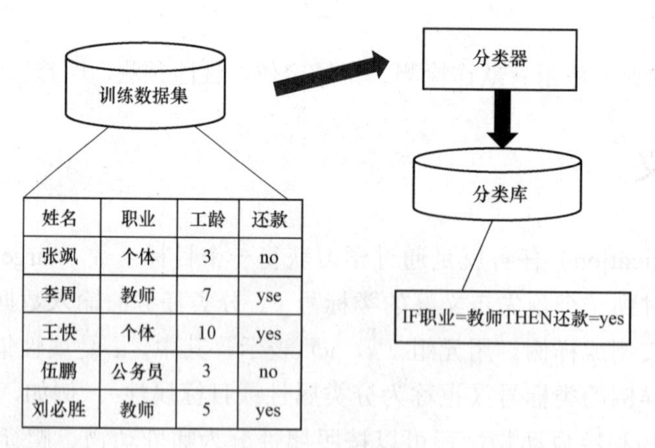

姓名	职业	工龄	还款
张飒	个体	3	no
李周	教师	7	yse
王快	个体	10	yes
伍鹏	公务员	3	no
刘必胜	教师	5	yes

图 5－1　训练过程

第二步，评估模型，通过预先设定的测试样本集，对所建模型进行测试。对每个测试样本，将已知的类标号和该样本的学习模型预测类进行比较，以获得所建模型的准确率。如果准确率达不到规定要求，如低于 90%，那么需要回到第一步，重新训练模型，通过调整参数、重设节点、调整结构等步骤，重新构造模型。然后再测试，一直到通过测试为止。要注意的是，测试集要独立于训练样本集，否则会出现“过分适应数据”的情况。

第三步，应用模型，对将来的或未知的对象，通过所建模型进行计算，得到分类结果，

如图 5－2 所示。

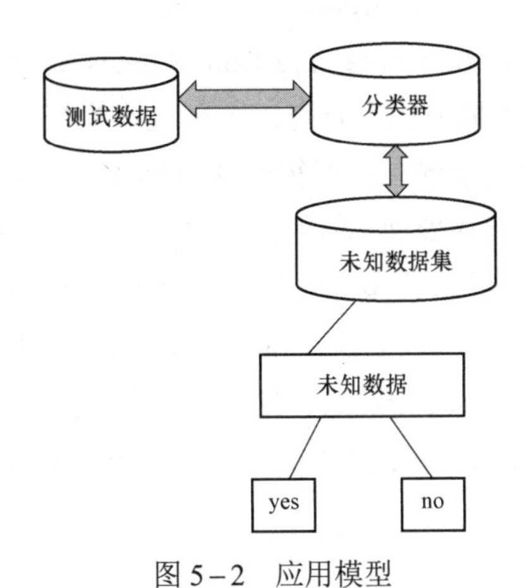

图 5－2 应用模型

在图 5－2 中，通过测试后的分类器，对未知数据集进行分类，左分支表示“还款＝yes”的类，右分支是“还款＝no”的类。

常用的分类挖掘算法有决策树分类法、贝叶斯网络、*k*-最近邻方法、遗传算法、神经网络等。

5.3 决策树分类法

决策树是一种典型的分类方法，其实质上是一种自上而下的归纳学习算法。决策树起源于亨特（Hunt）的概念学习系统（concept learning system，CLS）方法，1979 年，由 J.R.Quinlan 发展成迭代分类器 ID3 算法（iterative dichotomizer 3），采用分治策略，将信息熵引入分类决策中。1980 年，Kass 等人提出了卡方自动交互检测算法（chi-squared automatic interaction detection，CHAID），根据给定的目标变量和经过筛选的特征指标（预测变量）对样本进行最优分割，按照卡方检验的显著性进行数据集的自动判断分组。在 1984 年，L.Breiman 和 J.Friedman 等人提出了 CART（classification and regression trees）分类方法，将最小基尼系数作为属性选择的依据，最终生成一个二叉树，通过误差估计和剪枝策略生成最终的决策树。CART 算法拥有一个非常完整的体系，包括树的生长过程、剪枝过程等，而且该算法还可以解决回归问题。在 1993 年，Quinlan 改进了 ID3 的缺点，提出了 C4.5 算法，使用信息增益率进行特征节点的选择，避免了属性偏袒的可能性，并且可以处理连续数据。在这之后又发展出 C5.0 分类算法，改进了内存使用，可以应用于大数据集，大大提高了工作效率和精度。但很遗憾，C5.0 仍在专利保护期内，迄今没有公布算法细节。1996 年，M.Mehta 和 R.Agrawal 等人提出了一种快速可伸缩的有监督的探索学习分类方法——SLIQ（supervised learning in quest），采用了类表、属性表及类直方图 3 种数据结构解决数据量远大于内存容量的问题，利用调入/调出策略处理大数据量，对连续属性数据采取预排序技术与广度优先相结合的策略生成决策树，对离散属性数据采用快速求子集算法确定生成树的分支节点，非常适合于大数据集分类问题。也是在 1996 年，J. Shafer 和 R. Agrawal 等人提出了一种可伸缩并行归纳决策树分类方法——SPRINT（scalable parallelizable induction of decision trees），也是一种规模可变的、支持并行计算的分类方法，其最大优点是可以突破内存空间限制，利用多个并行处理器构造一个稳定的、分类准确的决策树，具有很好的可伸缩性、可扩容性。

决策树算法首先对数据进行处理，利用归纳算法生成可读的规则和决策树，然后使用决策对新数据进行分析。本质上，决策树是通过一系列规则对数据进行分类的过程，其模型呈树形结构，它可以被认为是 IF THEN 规则的集合，也可以被认为是定义在特征空间与类空间上的条件概率分布。相比朴素贝叶斯分类，决策树的优势在于构造过程不需要任何领域知识或参数设置。因此在实际应用中，对于探测式的知识发现，决策树更加适用。

5.3.1 决策树概念

决策树分类模型是一种描述对实例进行分类的树形结构。决策树由节点和有向边组成。节点有两种类型：内部节点和叶节点，内部节点表示一个特征或属性，叶节点表示一个类。

分类的时候，从根节点开始，对实例的某一个特征进行测试，根据测试结果，将实例分配到其子节点。此时，每一个子节点对应该特征的一个取值。如此递归向下移动，直至达到叶节点，最后将实例分配到叶节点的类中。

举一个通俗的例子。立志于脱单的单身男女在找另一半的时候，就已经使用了决策树的思想。假设一位母亲在给女儿介绍男朋友时，有这么一段对话：

母亲：给你介绍个男朋友。

女儿：年纪多大？

母亲：26。

女儿：长的帅不帅？

母亲：挺帅的。

女儿：收入有多少？

母亲：不算很高，中等情况。

女儿：是老师吗？

母亲：是，在大学教计算机课程。

女儿：那好，我去见见。

这个女生的决策过程就是典型的分类决策树。相当于对年龄、外貌、收入和是否教师等特征将男生分为两个类别：见或不见。这个女生的决策逻辑如图 5-3 所示。

图 5-3 基本可以算是一个决策树，说它“基本可以算”是因为图中的判定条件没有量化，如收入高、中、低等，因此不能算是严格意义上的决策树。如果将所有条件量化，则就变成真正的决策树了。

决策树可以看成一个 IF-THEN 规则的集合：由决策树的根节点开始到叶节点的每一条路径形成一条规则；路径上的节点特征对应着规则的条件，而叶节点对应着分类的结论。决策树的路径和相应的 IF-THEN 规则集合是等效的，它们都具有一个重要的性质：互斥

并且完备，即每一个实例都被一条路径或一条规则所覆盖，而且只被一条规则所覆盖。

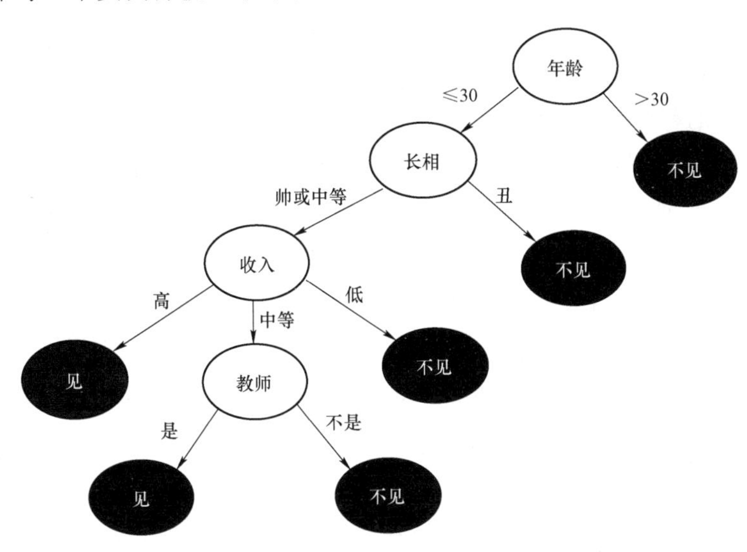

图 5-3　是否见面决策树

5.3.2　经典决策树分类方法

经典决策树算法包括两个步骤，具体如下。

1. 决策树生成算法

算法 Generate_decision_tree（D，attribute_list）。

输入：训练样本 D，属性 attribute_list；

输出：一个决策树。

算法描述：

```
创建一个节点 N；
IF D 中元组都属于同一类 C，THEN 返回 N 作为叶节点，以类 C 标记；
IF attribute_list 为空 THEN 返回 N 作为叶节点，标记为 D 中的多数类；
                        //多数表决
选择 attribute_list 中具有最高信息增益的属性 test_attribute；
标记节点 N 为 test_attribute；
FOR test_attribute 的每个输出 j            //划分元组并对每个划分产生子树
    设 Dj 是 D 中满足输出 j 的数据元组的集合；//一个划分
    IF Dj 为空 THEN 加一个树叶到节点 N，标记为 D 中的多数类；
                        //多数表决
    ELSE
      加一个由 Generate_decision_tree(Dj,attribute_list)返回的节点到节点 N；
END FOR
返回 N
```

2. 决策树修剪算法

经典决策树算法没有考虑噪声，因此生成的决策树完全与训练集拟合。在有噪声情况下，完全拟合将导致过分拟合。剪枝是一种克服噪声的有效方法。

有两种基本的剪枝策略，具体如下。

① 预剪枝：在生成树的同时决定是否继续对不纯的训练子集进行划分。

② 后剪枝：一种拟合–化简的两阶段方法。首先生成与训练数据完全拟合的决策树，然后从树的叶子开始剪枝，向根的方向逐步剪。剪枝时要用到一个测试数据集合，如果存在某个叶子剪去后测试集上的准确度或其他测度不降低，则剪去叶子；否则停止。

决策树提供了一种展示“类似在什么条件下会得到什么值”这类规则的方法。下例是为了解决这个问题而建立的一个决策树，从中可以看到决策树的基本组成部分：决策节点、分支和叶节点。

【例 5–1】表 5–2 给出了一个商业上使用的决策树例子。它表示一个关心电子产品的用户是否会购买计算机（buyPC）的信息，用它可以预测某个人是否有购买意向。决策过程如图 5–4 所示。

表 5–2　用户购物信息表

age	income	student	credit-rating	buyPC
youth	high	no	fair	no
youth	high	no	excellent	no
middle	high	no	fair	yes
senior	medium	no	fair	yes
senior	low	yes	fair	yes
senior	low	yes	excellent	no
middle	low	yes	excellent	yes
youth	medium	no	fair	no
youth	low	yes	fair	yes
senior	medium	yes	fair	yes
youth	medium	yes	excellent	yes
middle	medium	no	excellent	yes
middle	high	yes	fair	yes
senior	medium	no	excellent	no

决策树的优点如下。

（1）在进行分类器设计时，决策树分类方法所需时间相对较少。

（2）决策树的分类模型是树状结构，简单直观，易于理解。

（3）可以将决策树中到达每个叶节点的路径转换为 IF-THEN 形式的分类规则，这种形式更有利于理解。

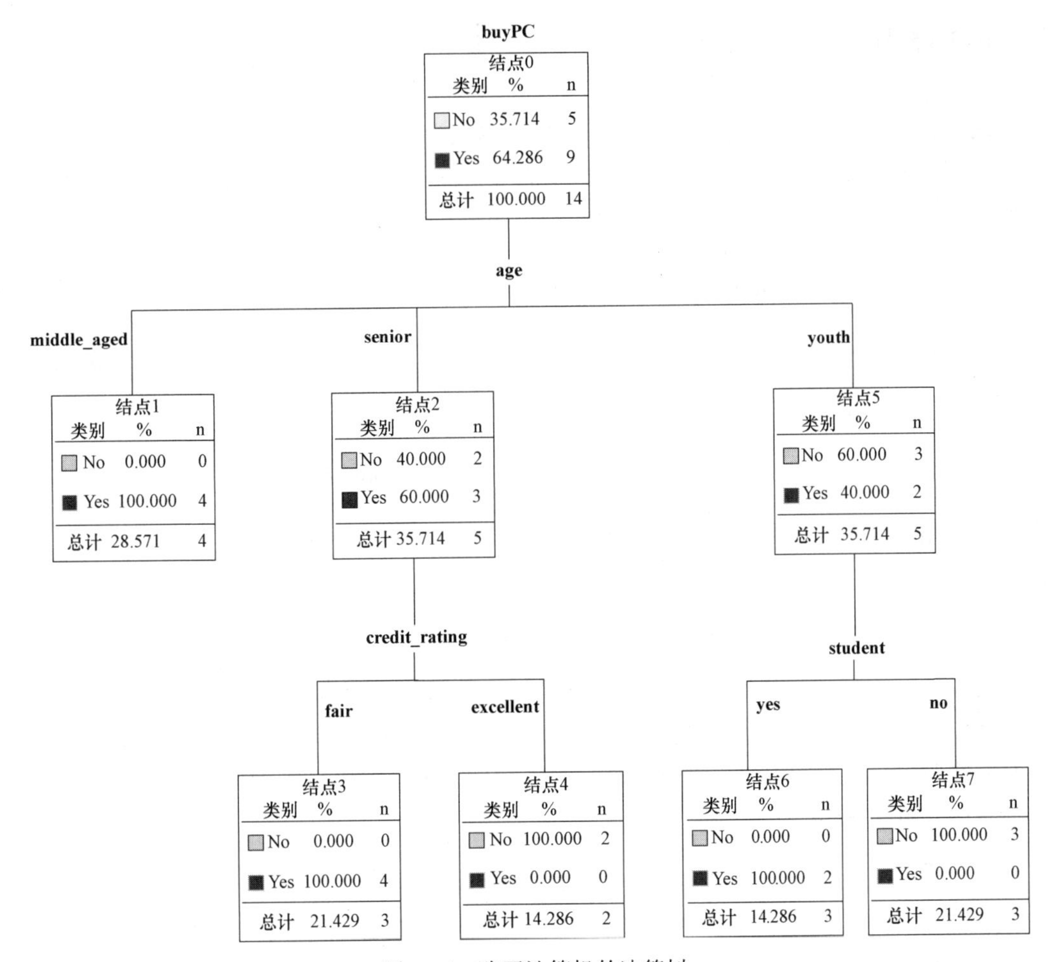

图 5-4　购买计算机的决策树

5.3.3 ID3 算法

ID3（induction of decision tree）是 Quinlan 于 1986 年提出的，是机器学习中一种广为人知的算法。它的提出开创了决策树算法实用的先河，是国际上最早、最有影响的决策树方法。在该算法中，引入了信息论中熵的概念，利用不同属性的熵来计算信息增益，作为判别是否扩展节点的依据。当获取信息时，将不确定的内容转为确定的内容，因此信息伴随着不确定性。

ID3 算法使用信息增益选择测试属性。由于决策树的结构越简单越能从本质上概括事物的规律，期望非叶节点到达后代节点的平均路径总是最短，即生成的决策树的平均深度最小。这就要求在每个节点选择好的划分，使得从每个分支节点到后代节点的信息量最大，也就是信息增益最大，这时信息的不确定性才会小。信息是个很抽象的概念。人们常常说信息很多，或者信息较少，但却很难说清楚信息到底有多少。从直觉上讲，小概率事件比大概率事件包含的信息量大。如某件事是“百年一见”则肯定比“习以为常”的事件包含的信息量大。

那么如何度量信息量的大小呢？

在2.3.5节介绍“离散化和概念分层”时，其中介绍了信息熵的概念，大家可以回顾一下。

在决策树中应用了信息熵。设S是一个样本集合，目标变量C有m个分类，即$\{C_1, C_2, \cdots, C_m\}$，$C_i$在所有样本中出现的频率为$p_i$，$i=1, 2, \cdots, m$，则集合$S$的信息熵定义为：

$$\text{Entropy}(S)=\text{Entropy}(p_1,p_2,\cdots,p_m)=-\sum_{i=1}^{m}p_i\log_2 p_i \tag{5-1}$$

如果某属性变量T，有k个不同取值$\{T_1, T_2, \cdots, T_k\}$，则属性变量$T$引入后的条件熵定义为：

$$\text{Entropy}_T(S)=-\sum_{i=1}^{k}(|T_i|/|S|)\cdot\text{Entropy}(T_i)) \tag{5-2}$$

属性T带来的信息增益定义为：

$$\text{Gain}(T,S)=\text{Entropy}(S)-\text{Entropy}_T(S) \tag{5-3}$$

信息熵反映的是信息杂乱程度，信息越杂乱、越不纯，则信息熵越大；反之，信息熵越小，信息就越纯净。需要说明的是，信息熵的单位是比特。

【例5-2】如果你是一个网球爱好者，天气状况是你决定是否去打球的重要因素。假设天气情况包括天气、温度、湿度、风力等4个因素，根据以往的天气情况与是否打球做一张表格，见表5-3。

表5-3　打球与天气分类样本表

No.	天气	温度	湿度	风力	Play
1	晴朗	高	高	弱	否
2	晴朗	高	高	强	否
3	多云	高	高	弱	是
4	下雨	适中	高	弱	是
5	下雨	冷	合适	弱	是
6	下雨	冷	合适	弱	否
7	多云	冷	合适	强	是
8	晴朗	适中	高	强	否
9	晴朗	冷	合适	弱	是
10	下雨	适中	合适	弱	是
11	晴朗	适中	合适	弱	是
12	多云	适中	高	强	是
13	多云	高	合适	弱	是
14	下雨	适中	高	强	否

下面利用ID3算法构建决策树。

按照目标 Play 计算信息熵。Play 有两个选择，即类标号取值为{是，否}，因此有两个不同的类，即 $k=2$，设 C1 类对应于“是”，C2 类对应于“否”。C1 有 9 个元组，C2 有 5 个元组。

根据式（5－1），所有样本集 S 的信息熵为：

$$\text{Entropy}(S)=-(9/14)\log_2(9/14)-(5/14)\log_2(5/14)=0.940$$

如果以天气属性进行划分，根据式（5－2）可以计算 S 中元组天气分类所需要的期望信息：

$$\text{Entropy}_{天气}(S)=\frac{5}{14}\times\left(-\frac{2}{5}\log_2\frac{2}{5}-\frac{3}{5}\log_2\frac{3}{5}\right)+\frac{4}{14}\times\left(-\frac{4}{4}\log_2\frac{4}{4}\right)+\frac{5}{14}\times\left(-\frac{3}{5}\log_2\frac{2}{5}-\frac{2}{5}\log_2\frac{2}{5}\right)=$$

0.694，再根据式（5－3），计算天气属性的信息增益：

$$\text{Gain}(天气,S)=\text{Entropy}(S)-\text{Entropy}_{天气}(S)=0.940-0.694=0.246$$

类似地，可以计算

$$\text{Gain}(温度,S)=0.029$$
$$\text{Gain}(湿度,S)=0.151$$
$$\text{Gain}(风力,S)=0.048$$

由于天气在属性中具有最高信息增益，它被选作测试属性，创建一个根节点，用天气标记，并根据每个属性值，引出一个分支。注意，落在分区天气＝“多云”的样本都属于同一类，根据算法，要在该分支的端点创建一个树叶，用“是”标记。同理，在“晴朗”和“下雨”这两个分支上，分别对“温度”“湿度”“风力”属性计算其信息增益，分别选取下一个测试属性。ID3 打球决策树过程如图 5－5 所示。

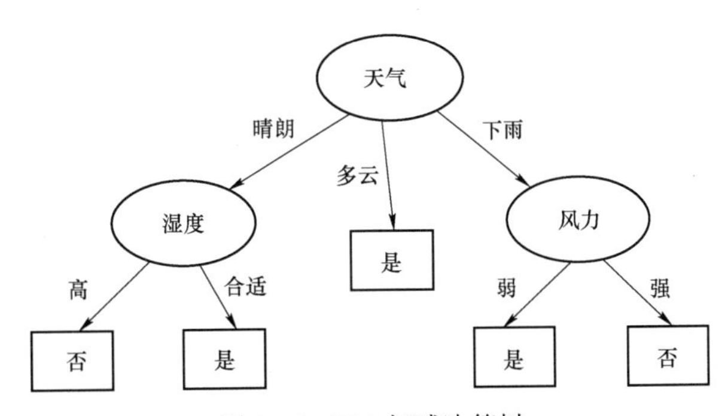

图 5－5　ID3 打球决策树

算法 Generate_ID3_decision_tree（S，attribute_list）。

输入：训练样本 S，属性 attribute_list；

输出：一个决策树。

算法描述：

```
创建一个节点 N；
IF S 中元组都属于同一类 C THEN 返回 N 作为叶节点，以类 C 标记；
```

```
IF attribute_list 为空  THEN  返回 N 作为叶节点，标记为 S 中的多数类；
                    //多数表决
选择 attribute_list  中具有最高信息增益的属性 test_attribute；
标记节点 N 为 test_attribute；
FOR test_attribute  的每个输出 j          //划分元组并对每个划分产生子树
    设 Sj 是 S 中满足输出 j 的数据元组的集合；//一个划分
    IF Sj 为空  THEN
        加一个树叶到节点 N，标记为 S 中的多数类；
    ELSE
        加一个由 Generate_ID3_decision_tree(Sj,attribute_list)返回的节点到节点 N；
END FOR
返回 N
```

ID3 算法搜索空间是完全的假设空间，目标函数必在搜索空间中，不存在无解的危险。全盘使用训练数据，而不是像候选剪除算法那样一个一个地考虑训练数据。这样做的优点是，可以利用全部训练数据的统计性质进行决策，从而抵抗噪声。但它也存在缺点，如下面例子。

【例 5－3】数据集 T，有 14 个样本，通过 3 个属性 A1、A2 和 A3 描述两个类别：Type1 或 Type2，见表 5－4。

表 5－4　训练数据集表

No.	A1	A2	A3	Label
1	A	70	True	Type1
2	A	90	True	Type2
3	A	85	False	Type2
4	A	95	False	Type2
5	A	70	False	Type1
6	B	90	True	Type1
7	B	78	False	Type1
8	B	65	True	Type1
9	B	75	False	Type1
10	C	80	True	Type2
11	C	70	True	Type2
12	C	80	False	Type1
13	C	80	False	Type1
14	C	96	False	Type1

可以看出，有 9 个样本属于 Type1，5 个样本属于 Type2，因此分区前的熵为：

$$Entropy(T)=9/14\ \log_2(9/14)-5/14\ \log_2(5/14))=0.940$$

按照属性 A1 把初始样本集分区成 3 个子集（分别检查 A1 的 3 个值 A，B 或 C）后，得出该属性的信息熵：

$$\begin{aligned}Entropy_{A1}(T)=&(5/14)[-(2/5)\log_2(2/5)-(3/5)\log_2(3/5)]+(4/14)[-(4/4)\log_2(4/4)-(0/4)\log_2(0/4)]+\\&(5/14)[-(3/5)\log_2(3/5)-(2/5)\log_2(2/5)]\\=&0.694\end{aligned}$$

通过检验 A1 获得的信息增益是：

$$Gain(A1)=0.940-0.694=0.246$$

如果该检验和分区是基于 A3（也就是从 True 或 False 两个值选择其一），类似地有：

$$\begin{aligned}Entropy_{A3}(T)=&(6/14)[-(3/6)\log_2(3/6)-(3/6)\log_2(3/6)]+(8/14)[-(6/8)\log_2(6/8)-(2/8)\log_2(2/8)]\\=&0.892\end{aligned}$$

通过检验 A3 获得的信息增益是：

$$Gain(A3)=0.940-0.892=0.048$$

按照增益最大准则，将选择 A1 作为分区数据集 T 的最初检验。

为了求得最优检验还必须分析关于 A2 的检验，它是连续取值的数值型属性。

ID3 算法的缺点如下。

（1）以上介绍的基本算法对于树的每一层，都需要扫描一遍数据集 S 中的元组。在处理大型数据库时，这可能导致很长的训练时间和内存的不足。

（2）对于静态式学习任务，ID3 算法是建立决策树的很好选择。但对于动态式学习任务，由于 ID3 不能动态地接受训练实例，这就使得每增加一次实例都必须抛弃原有决策树，重新构造新的决策树，造成了极大的计算开销。

（3）算法的搜索无回溯功能，每当在树的某一层次选择了一个属性进行测试，就不会再回溯重新考虑这个选择。因此可能造成算法收敛于局部最优解而丢失全局最优解，因为一个一个地考虑训练实例，不容易像剪除算法那样使用新例步进式地改进决策树。

（4）ID3 算法只能处理离散值的属性。为了解决该问题，在用 ID3 算法挖掘具有连续性属性的知识时，首先需要将连续型属性离散化。例如，把属性值分成多区间段，如身高可以分为 1.1 米以下、1.1 米以上两个区间，这样再使用 ID3 算法就可以了。

5.3.4　C4.5 算法

C4.5 算法是 ID3 算法的扩展，主要改进了以下几个方面的内容。

（1）能够处理连续型的属性。首先将连续型属性离散化，把连续型属性的值分成不同的区间，比较各个属性信息增益值的大小。

（2）缺失数据的考虑。在构建决策树时，可以简单地忽略缺失数据，即在计算增益时，仅考虑具有属性值的记录。

（3）提供两种基本的剪枝策略。

- 子树替代法：用叶节点替代子树。

■ 子树上升法：用一个子树中最常用的子树来代替这个子树。

（4）可以处理动态数据。

把连续型属性值“离散化”的具体方法如下。

（1）将该节点上的所有数据样本按照连续型描述属性的具体数值，由小到大进行排序，得到属性值的取值序列（U_1，U_2，…，U_n）。

（2）生成属性值的若干个划分点，每个划分点都可以把属性值集合分成两个域。一个比较简单的划分方法就是取 $n-1$ 个划分点，划分点 $V_i=(U_i+U_{i+1})/2, i=1, 2, \cdots, n$。

（3）按照每个划分得到的信息分别计算信息增益或增益率，把信息增益或信息增益率最大的那个划分点作为连续数值型属性的离散化划分点。选择每个区间的最小值 U_k 作为阈值，把属性值设置为［min，U_k）和（U_k，max］两个区间的值。

例如，在例 5-3 中，数据集 T，分析 A2 分区的可能结果，分类后得出属性 A2 的值的集合是：{65，70，75，78，80，85，90，95，96}。计算分割点为{67.5，72.5，76.5，79，82.5，87.5，92.5，95.5}，对每个分割点分别计算其信息增益。如以 72.5 作为分割点分段为例，计算信息增益 Gain 值如下：

$$\text{Entropy}_{A2}(T)=(4/14)[-(3/4)\log_2(3/4)-(1/4)\log_2(1/4)]+(10/14)[-(6/10)\log_2(6/10)-(4/10)\log_2(4/10)]$$
$$=0.639\ 6$$

$$\text{Gain}(A2)=0.940-0.639\ 6=0.300\ 4$$

将所有分割点计算完毕后，找到具有最高信息增益的分割点 82.5 作为最优分割点，找出最接近但又不超过最优分割点的值为阈值，这里为 80，计算信息增益：

$$\text{Entropy}_{A2}(T)=(9/14)[-(7/9)\log_2(7/9)-(2/9)\log_2(2/9)]+(5/14)[-(2/5)\log_2(2/5)-(3/5)\log_2(3/5)]$$
$$=0.837$$

通过检验 A2 获得的增益是：

$$\text{Gain}(A2)=0.940-0.837=0.103$$

比较本例中 3 个属性的信息增益，可以看出 Attribute1 具有最高增益，所以选择该属性对决策树的结构进行首次分区。

由于 A1 有 3 个取值，分别为 A、B、C，分别对应子节点 T1、T2、T3。由于 T2 节点只有 Type1 一个类别，因此对于剩下的子节点 T1、T3 进行分析。

对子节点 T1 的属性进行检验。对于属性 A2，有两个选择：A2≤70 或 A2>70，在此定义为 A4（代替 A2）。计算 T1 的信息熵和信息增益：

$$\text{Entropy}(T1)=-(2/5)\log_2(2/5)-(3/5)\log_2(3/5)=0.971$$

用 A4 把 T1 分成两个子集（检验 A4），结果信息是：

$$\text{Entropy}_{A4}(T1)=(2/5)[-(2/2)\log_2(2/2)-0/2\log_2(0/2)]+(3/5)[-(0/3)\log_2(0/3)-(3/3)\log_2(3/3)]$$
$$=0$$

$$\text{Gain}(A4)=\text{Entropy}(T1)-\text{Entropy}_{A4}(T1)=0.971-0=0.971$$

这样 A4 的信息增益最大，这两个分支将生成最终叶节点。

下面对剩下的子节点 T3 进行分析。

对 T3 的属性 A3 取值有两个：True、False，其中有 2 个 True，3 个 False。在 2 个 True 中全对应 Type2，在 3 个 False 中全对应 Type1。因此，子节点 T3 的分支 False 为节点 Type1，分支 True 为节点 Type2。

最终决策树如图 5－6 所示。

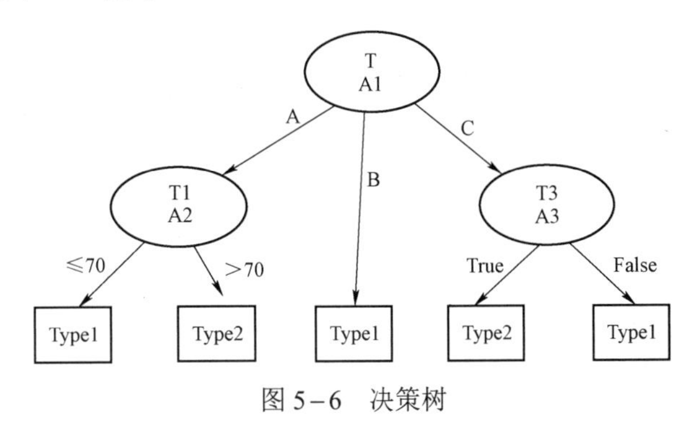

图 5－6　决策树

上述决策树可以用伪代码的形式表示，通过 IF-THEN 结构对决策树进行分支，具体如下：

```
IF A1 = A   THEN
  IF A2<=70       THEN
      Label = Type1;
  ELSE
      Label = Type2;
ELSE IF A1 = B THEN
  Label = Type1;
ELSE IF A1 = C THEN
  IF A3 = True THEN
      Label = Type2;
  ELSE
      Label = Type1;
```

5.3.5　C5.0 算法

C5.0 算法是对 C4.5 算法的改进，主要在执行效率和内存使用方面进行了优化，可以应用于大数据集上的决策树分类算法。C4.5 算法是 ID3 算法的修订版，采用信息增益率 GainRatio 来加以改进方法，选取有最大 GainRatio 的分割变量作为准则，避免 ID3 算法过度拟合的问题。C5.0 算法则是 C4.5 算法的修订版，适用于处理大数据集，采用 Boosting 方式提高模型准确率，又称为 BoostingTrees，在软件上计算速度更快，占用的内存资源更少。

C5.0 算法是经典的决策树模型算法之一，可生成多分支的决策树，目标变量为分类变量，使用 C5.0 算法可以生成决策树或规则集。C5.0 算法模型根据能够带来最大信息增益的字段拆分样本。第一次拆分确定的样本子集随后再次拆分，通常是根据另一个字段进行拆分，这一过程重复进行直到样本子集不能被拆分为止。最后，重新检验最低层次的拆分，那些对模型值没有显著贡献的样本子集被剔除或修剪。

C5.0 算法选择分支变量的依据是以信息熵的下降速度作为确定最佳分支变量和分割阈值的原则，信息熵的下降意味着信息的不确定性下降，从而增加信息的确定性。

首先，C5.0 是一个多叉树，这导致某个变量一旦被使用，后面的节点将不会再使用该变量。例如，如果根节点或中间节点存在连续型的自变量，则该变量会一分为二地展开两个分支；如果根节点或中间节点存在离散的自变量，则该变量会根据离散变量的取值分开多个分支。

其次，C5.0 决策树的生长过程采用的是最大信息增益率原则进行节点选择和分裂点的选择，这很好地解决了信息不平衡问题。

最后，C5.0 剪枝采用了“减少–误差”法和“减少–损失”法技术。“减少–误差”法的核心思想是对比剪枝前后的误差率，如果剪枝后的误差率比剪枝前的误差率要低，则剪枝，否则不需要剪枝。“减少–损失”法是结合损失矩阵对决策树进行剪枝，核心思想是比较剪枝前后的损失量。如果剪枝后的损失小于剪枝前的损失，则剪枝，否则不剪枝。

C5.0 算法的优点如下。

（1）在面对数据遗漏和输入字段很多时性能非常稳健。

（2）相比而言，模型易于理解，模型退出的规则解释直观明了。

（3）具有强大的分类能力，大大提高分类的精度。

C5.0 算法的缺陷：C5.0 算法只能解决分类问题。

5.3.6 CART 算法

CART 算法，即分类与回归树（classification and regression tree）算法，是 1984 年由斯坦福大学和加州大学伯克利分校的 Breiman 等人提出。该算法采用二元递归划分方法，能够处理连续属性数据和标称属性数据。当输出变量是标称属性数据时，所建立的决策树称为分类树（classification tree），用于分类问题；当输出变量为数值型变量时，所建立的决策树称为回归树（regression tree），用于变量预测。

CART 算法也包括决策树生成和剪枝两个过程，采用二分递归分割技术，将当前的样本集分为两个子样本集，使得生成的决策树的每个非叶节点都有两个分支。因此，CART 算法生成的决策树是一个二叉树。

1. CART 算法属性选择标准

CART 算法的建树过程是对训练集的反复划分过程，那么如何从多个属性中选择最佳划分属性呢？在 CART 分类回归树的建树过程中，针对每个属性都要进行相应的计算，以确定最佳划分属性，并且分类树和回归树的计算方法也不同，数值型和分类型属性变量的计算方法也存在差异。

CART 算法使用基尼（Gini）系数来度量对某个属性变量测试输出的两组取值的差异性，理想的分组应该尽量使两组中样本输出变量取值的差异性总和达到最小。

设训练样本集 $S=\{X_1, X_2, \cdots, X_n, Y\}$，其中 $X_1, X_2, \cdots, X_n$ 称为属性向量，Y 称为类标号向量。当 Y 是连续型数据时，称为回归树；当 Y 是离散型数据时，称为分类树。为叙述方便，在此假设 Y 是离散型数据，有 m 个取值为$\{Y_1, Y_2, \cdots, Y_m\}$。对应于输入变量，设输出类别 Y_j 的概率为 p_j，则样本集 S 的基尼系数定义为：

$$\text{Gini}(S)=\sum_{j=1}^{m} p_j(1-p_j)=1-\sum_{j=1}^{m} p_j^{\ 2} \tag{5-4}$$

对节点而言，基尼系数越小，意味着该节点中所包含的样本越集中在某一类上，即该节点越纯，否则越不纯，差异性就越大。当节点样本的测试输出均取同一类别值时，输出变量取值的差异性最小，基尼系数为 0；而当各类别取值概率相等时，则输出取值的差异性最大，Gini 系数也最大，为 $1-1/m$。

对于一个二叉树来说，每个非叶节点有左、右子树。设某个属性 $A\in\{X_1, X_2, \cdots, X_n\}$ 依据类别被分割为 m 个子集$\{S_1, S_2, \cdots, S_m\}$，则属性 A 被 Y 变量分割的基尼系数定义为：

$$\text{Gini}(A,S)=\sum_{j=1}^{m}\frac{|S_j|}{|S|}\text{Gini}(S_j) \tag{5-5}$$

其中，$|S|$、$|S_j|$分别是相应数据集的规模。

样本集 S 的基尼系数与属性 A 分支分割的基尼系数的差值称作属性的差异性损失，记作：

$$\Delta G(A,S)=\text{Gini}(S)-\text{Gini}(A,S) \tag{5-6}$$

为了使节点信息尽可能的纯净，需要该节点分支的属性差异性损失最大化，仍以 $\Delta G(A, S)$记之，即

$$\Delta G(A, S)=\max(\text{Gini}(S)-\text{Gini}(A,S)) \tag{5-7}$$

以差异性损失最大的属性作为 CART 算法分支的依据。

【例 5-4】相亲对象信息表 S 见表 5-5。

表 5-5　相亲对象信息表

id	age	height	income	edu	xiangqin
1	25	179	15	大专	N
2	33	190	19	大专	Y
3	28	180	18	硕士	Y
4	25	178	18	硕士	Y
5	46	177	100	硕士	N
6	40	170	70	本科	N
7	34	174	20	硕士	Y
8	36	181	55	本科	N
9	35	170	25	硕士	Y
10	30	180	35	本科	Y
11	28	174	30	本科	N
12	29	176	36	本科	Y

目标变量为 xiangqin，Y 表示去相亲，N 为不去。下面计算学历的各个层次对目标变量的分割差异性损失。

目标变量的基尼系数：

$$\text{Gini}(S)=1-\left(\frac{5}{12}\right)^2-\left(\frac{7}{12}\right)^2=0.486$$

{大专}与非大专{本科、硕士}二叉树的基尼系数：

$$\text{Gini}(A_{dz,fdz},S)=\frac{2}{12}\times\left[1-\left(\frac{1}{2}\right)^2-\left(\frac{1}{2}\right)^2\right]+\frac{10}{12}\times\left[1-\left(\frac{4}{10}\right)^2-\left(\frac{6}{10}\right)^2\right]=0.483$$

所以，大专与非大专的分割差异性损失为 0.486−0.483=0.003。

同理，{本科}与非本科{大专、硕士}二叉树的基尼指数：

$$\text{Gini}(A_{bk,fbk},S)=\frac{5}{12}\times\left[1-\left(\frac{2}{5}\right)^2-\left(\frac{3}{5}\right)^2\right]+\frac{7}{12}\times\left[1-\left(\frac{2}{7}\right)^2-\left(\frac{5}{7}\right)^2\right]=0.438$$

所以，本科与非本科的分割差异性损失为 0.486−0.438=0.048。

{硕士}与非硕士{大专、本科}二叉树的基尼指数：

$$\text{Gini}(A_{ss,fss},S)=\frac{5}{12}\times\left[1-\left(\frac{1}{5}\right)^2-\left(\frac{4}{5}\right)^2\right]+\frac{7}{12}\times\left[1-\left(\frac{4}{7}\right)^2-\left(\frac{3}{7}\right)^2\right]=0.419$$

所以，硕士与非硕士的分割差异性损失为 0.486−0.419=0.067。

2. CART 算法描述

CART 算法的基本描述如下。

函数名：CART(S,A,Y)。

输入：样本集数据 S，训练集数据属性集合 A，类别集 Y。

输出：CART 树。

```
(1) IF 样本 S 全部属于同一个类别 C，THEN
(2) 创建一个叶节点，并标记类标号为 C;
(3) RETURN;
(4) ELSE
(5) 计算属性集 A 中每个属性划分的差异性损失，取其最大者，记作 Amax 中;
(6) 创建节点，取属性 Amax 为该节点的决策属性;
(7) 以属性 Amax 划分 S 得到左右两个子集 SL 和 SR;
(8) 递归调用 CART (SL，A，Y);
(9) 递归调用 CART (SR，A，Y);
END
```

3. CART 与 C4.5 算法的区别

CART 与 C4.5 算法相比，二者主要区别体现在以下几个方面。

（1）CART 生成的是一个二叉树，即每一个非叶节点只能引伸出两个分支，所以当某个非叶节点含有多个（两个以上）属性值时，该变量有可能被多次使用。例如，如果年龄

段可分为{青年，中年，老年}，则其子集可以是{ }、{青年，中年，老年}、{青年，中年}、{青年，老年}、{中年，老年}、{青年}、{中年}、{老年}。其中{青年，中年，老年}和空集{ }为无意义的分割，所以最终有 $2^3-2=6$ 种组合，形成 3 对独立的组合，如{青年，中年}与{老年}。

（2）CART 决策树的生长过程采用的是最大基尼系数进行节点和分裂点的选择。

（3）剪枝采用“最小代价复杂度”法和“损失矩阵”法。损失矩阵的思想与 C5.0 算法类似，不再赘述。

（4）CART 算法既可以解决分类问题，也能够很好地处理预测问题。

决策树模型也称规则推理模型，通过对训练样本的学习，建立分类规则，然后依据分类规则，实现对新样本的分类。这属于有指导（监督）式的学习方法，有两类变量：目标变量（输出变量）和属性变量（输入变量）。

决策树模型与一般统计分类模型的主要区别是：决策树的分类是基于逻辑的，一般统计分类模型是基于非逻辑的。

在决策树成长过程中，对于每一个决策要求分成的组之间的“差异”最大，各种决策树算法之间的主要区别就在于对这个“差异”衡量方式的区别。

5.3.7　决策树分类算法评估

决策树评估的两大要素是复杂度和分类精度。理想的决策树有 3 种，具体如下。

（1）叶节点数最少。

（2）叶节点深度最小。

（3）叶节点数最少且叶节点深度最小。

然而，要找到这种最优的决策树是一个 NP 难题。所谓 NP（non-deterministic polynomial）问题，即多项式复杂程度的非确定性问题，也就是无法确定求解该问题是否能够在多项式时间复杂度内解决。因此，决策树优化的目的就是要找到尽可能趋向于最优的决策树。不同类型的决策树算法特点见表 5–6。

表 5–6　不同类型的决策树算法特点

决策树算法	算法特点	
ID3	优点	以信息增益作为分支选择标准，较适合多分支数据，决策树的信息熵最小
	缺点	无法处理连续数据，效率较低
C4.5	优点	以信息增益率作为分支选择标准，对数据格式要求宽，易于理解
	缺点	需要扫描多次数据集，算法效率低
C5.0	优点	分类精度高，算法稳健高效，需要内存小
	缺点	算法机制不透明
CART	优点	可识别无贡献的属性并忽略，提高计算效率，算法稳健
	缺点	对数值型属性计算结果精度低
CHAID	优点	能够合并多个分支，按照分支的贡献度确定分支变量和分裂值
	缺点	对大规模数据集计算有困难

续表

决策树算法	算法特点	
SLIQ	优点	克服 C4.5 算法缺点，可以处理较大数据集，计算效率高
	缺点	要求具有较大内存，计算复杂度与数据规模属于非线性关系
SPRINT	优点	内存需求低，算法效率高，可以处理大数据集
	缺点	对大数据集需要分批处理，影响效率；要求数据格式规范
QUEST	优点	对二元数据分类效率高
	缺点	对数值型属性要求有序，只能处理分类问题

现实世界的数据常常是不完善的，某些属性字段上可能缺值，也可能数据不准确，含有一些噪声甚至是错误。因此，在进行分类数据挖掘时就需要考虑数据噪声的问题。ID3 决策树算法通过增长树的分支的深度，能够做到对训练样本比较完美地分类。在实际应用中，当数据中有噪声或训练样本的数量太少时，该策略可能会遇到困难。这时基于 ID3 算法的决策树会过度拟合训练数据。所谓过度拟合（over fitting），就是对训练数据过多地依赖导致模型不具有很好的预测性能。

一般可以将分类模型的误差分为：训练误差（training error）和泛化误差（generalization error）。训练误差是在训练记录上误分类样本的比例，泛化误差是模型在未知记录上的期望误差。一个好的分类模型必须具有低的训练误差和泛化误差，不仅要能够很好地拟合训练数据，而且对未知样本也要能够准确地分类。一个具有低训练误差的模型，其泛化误差可能比具有较高训练误差的模型高，出现过度拟合现象。

模型过度拟合的潜在因素包括以下几个方面。

（1）噪声导致的过度拟合，如错误的类别值/类标签、属性值等。

（2）缺乏代表性样本所导致的过度拟合，根据少量训练记录构建的分类决策模型容易受过度拟合的影响。由于训练样本缺乏代表性的样本，因此在没有多少训练记录的情况下，学习算法仍然继续细化模型就会导致过度拟合。

解决过度拟合的手段主要有两种方法：先剪枝法和后剪枝法。

1. 先剪枝（pre-pruning）法

在正确分类训练样本之前，较早地停止树的生长。由于决策是在分区前提前做出，因此该方法也叫预剪枝。造成这种状况的原因，主要是因为：树到达一定高度时人为停止；到达某一节点的实例具有相同的特征向量，而不必一定属于一类时；到达某一节点的实例个数小于某一个阈值；计算每次树扩展对系统性能的增益时，如果这个增益值小于某个阈值则不再进行扩展。

2. 后剪枝（pos-pruning）法

对一个生长完全的树，通过某种规则剪掉某些枝干。当树建好之后，对每个内部节点，算法通过每个枝条的出错率进行加权平均，计算如果不剪枝该节点的错误率。如果裁减能够降低错误率，那么该节点的所有分支就被剪掉，而该节点成为一个叶节点。一般出错率的计算采用与训练集数据完全独立的测试样本数据校验，最终形成一个错误率尽可能小的

决策树。

5.3.8　案例分析：决策树算法应用于电信客户流失分析

通过决策树算法来实现电信客户流失的预警分析，找出客户流失的特征，以帮助电信公司有针对性地改善客户关系。

电信运营商的客户流失有 3 方面的含义。

（1）客户从一个电信运营商转到其他电信运营商。

（2）客户月平均消费量降低，从高价值客户成为低价值客户。

（3）指客户自然流失和被动流失。

在客户流失分析中有两个核心变量：财务原因/非财务原因、主动流失/被动流失，其中非财务原因、主动流失的客户往往是高价值的客户。他们会正常支付服务费用，并容易对市场活动有所响应，这种客户是电信企业真正需要保住的客户。

首先对数据进行预处理。

数据预处理工作准备是否充分，对于挖掘算法的效率乃至正确性都有关键性的影响。电信公司经过多年的计算机化管理，已积累了大量的客户个人基本信息。在客户信息表中，有很多属性，如姓名、用户号码、用户标识、用户身份证号码（可以转化为年龄）、在网时间、地址、职业、用户类别、用户状态等。数据准备时必须除掉表中一些不必要的属性，一般可采用面向属性的归纳法去掉不相关或弱相关属性。

（1）属性删除：将有大量不同取值且无概化操作符的属性或可用其他属性来代替它的较高层概念的那些属性删除。如客户信息表中的用户标识、身份证号码等，它们的取值太多且无法在该取值域内找到概化操作符，应将其删除，只保留需要的属性，得到一个新表，见表 5-7。

表 5-7　简化后的客户信息表

年龄	学历	职业	缴费方式	在网时长	费用变化率	客户流失
58	大学	公务员	托收	13	10%	no
47	高中	工人	营业厅缴费	9	42%	no
26	研究生	公务员	充值卡	2	63%	yes
28	大学	公务员	营业厅缴费	5	2.91%	no
32	初中	工人	营业厅缴费	3	2.30%	no
42	高中	无业人员	充值卡	2	100%	yes
68	初中	无业人员	营业厅缴费	9	2.30%	no

（2）属性概化：用属性概化阈值控制技术沿属性概念分层上卷或下钻进行概化。如文化程度分为 3 类：W1 初中以下（含初中），W2 高中（含中专），W3 大学（专科、本科及以上）；职业类别按工作性质共分 3 类：Z1～Z3；缴费方式：托收 T1，营业厅缴费 T2，充值卡 T3，见表 5-8。

表 5-8　转化后的客户信息表

年龄	学历	职业	缴费方式	在网时长	费用变化率	客户流失
N3	W3	Z1	T1	H2	F1	no
N2	W2	Z2	T2	H2	F2	no
N1	W3	Z1	T3	H1	F2	yes
N1	W3	Z1	T2	H1	F1	no
N1	W1	Z2	T2	H1	F1	no
N2	W2	Z3	T3	H1	F3	yes
N3	W1	Z3	T1	H2	F1	no

（3）连续型属性概化为区间值：表 5-8 中年龄、费用变化率和在网时长为连续型数据。由于在建立决策树时，用离散型数据进行处理速度快，因此对连续型数据进行离散化处理。根据专家经验和实际计算信息增益，“在网时长”字段，通过检测每个划分，得到在阈值为 5 年时信息增益最大，从而确定最好的划分是在 5 年处，则这个属性的范围就变为{≤5，>5：H1，H2}。而在“年龄”属性中，信息增益有两个峰值，分别在 40 和 50 处，因而该属性的范围变为{≤40，>40&≤50，>50}，即变为{青年，中年，老年：N1，N2，N3}；费用变化率指［（当月话费－近 3 个月的平均话费）/近 3 个月的平均话费］×100%，F1：≤30%，F2：30%～99%，F3：100%，即费用变化率取值变为{F1，F2，F3}。

根据上文所述，生成的电信客户流失决策树如图 5-7 所示。

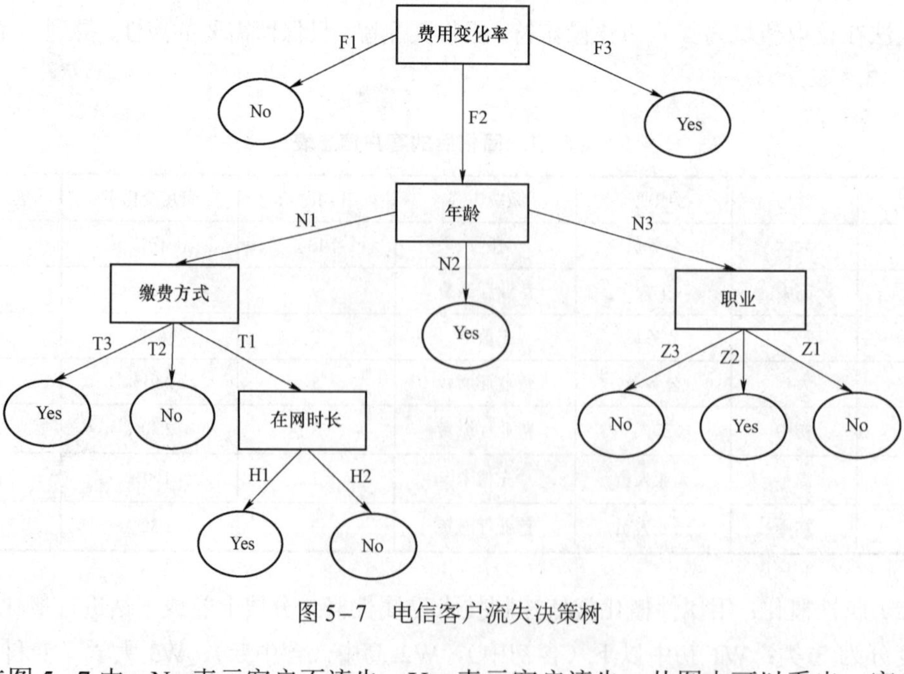

图 5-7　电信客户流失决策树

在图 5-7 中，No 表示客户不流失，Yes 表示客户流失。从图中可以看出，客户费用变化率为 100%的客户肯定已经流失；而费用变化率低于 30%的客户，即每月资费相对稳

定的客户一般不会流失；费用变化率在 30%～99%的客户有可能流失，其中年龄在 40～50 岁的客户流失的可能性非常大，而年龄低于 40 岁的客户，用充值卡缴费的客户和在网时间较短的客户容易流失；在年龄较大的客户中，工人阶层容易流失。

5.4 贝叶斯分类方法

贝叶斯方法是一类分类算法的总称，这类算法均以贝叶斯定理为基础，是一类利用概率统计知识进行分类的算法。该算法能运用到大型数据库中，方法简单、分类准确率高、速度快。

5.4.1 贝叶斯算法基本原理

贝叶斯分类方法是对属性集和类变量的概率关系建模的方法，以贝叶斯定理为基础。这个定理解决了现实生活里经常遇到的问题：已知某条件概率，如何得到两个事件交换后的概率，也就是在已知 $P(A|B)$的情况下如何求得 $P(B|A)$。

假设类别集合 $C=\{C_1,C_2,\cdots,C_m\}$，则概率 $P(C_i)(i=1,2,\cdots,m)$代表还没有训练数据前，C_i 拥有的初始概率，称作 C_i 出现的先验概率（prior probability），它反映了我们所拥有的关于 C_i 正确分类机会的背景知识，是根据历史的资料或主观判断所确定的概率，它是独立于样本集的。如果没有这一先验知识，那么可以简单地将每一候选类别赋予相同的先验概率。一般情况下，可以根据样本集中属于 C_i 的样例数$|C_i|$比上总样例数$|S|$来近似，即：$P(C_i)=|C_i|/|S|$。给定数据样本 X，则 $P(X|C_i)$为联合条件概率，是指当已知类别为 C_i 的条件下，出现所考察样本 X 的概率。$P(C_i|X)$ 为后验概率（posterior probability），已知样本 X 的条件下，计算其属于某一类的概率。$P(X)$为已知样本 X 的概率，很容易根据样本集计算得到。基于上述假设，贝叶斯定理公式如下：

$$P(C_i|X)=\frac{P(X|C_i)P(C_i)}{P(X)} \tag{5-8}$$

由于对所有类别来说，$P(X)$为常数，因此计算最大后验概率 $P(C_i|X)$，只需要使得 $P(X|C_i)P(C_i)$ 最大即可，然后将 X 分到最大后验概率对应的类别中。

5.4.2 朴素贝叶斯分类方法

朴素贝叶斯分类器（naïve Bayes classifier，NBC）基于如下假设：在给定样本的目标值时属性之间相互独立，并且具有相同的分布特点，称为属性独立同分布假设。换言之，该假设说明在给定实例的目标值情况下，观察到联合的 $x_1, x_2, \cdots, x_n$ 的概率正好是对每个单独属性的概率乘积。

朴素贝叶斯分类器，公式如下：

$$P(x_1,x_2,\cdots,x_n \mid C_j)=\prod_{i=1}^{m}P(x_i \mid C_j) \tag{5-9}$$

【例 5-5】天气情况对于室外玩球者意义重大。表 5-9 从 4 个方面描述天气情况和打篮球的一组样本数据：Outlook（阴晴）、Tempreature（温度）、Humidity（湿度）和 Wind（风力）、Playball（打篮球）。利用朴素贝叶斯算法求解天气情况为{Sunny，Hot，High，Weak}时是否可以打球。

表 5-9　打篮球样本数据

Day	Outlook	Tempreature	Humidity	Wind	Playball
D1	Sunny	Hot	High	Weak	No
D2	Sunny	Hot	High	Strong	No
D3	Overcast	Hot	High	Weak	Yes
D4	Rain	Mild	High	Weak	Yes
D5	Rain	Cool	Normal	Weak	Yes
D6	Rain	Cool	Normal	Strong	No
D7	Overcast	Cool	Normal	Strong	Yes
D8	Sunny	Mild	High	Weak	No
D9	Sunny	Cool	Normal	Weak	Yes
D10	Rain	Mild	Normal	Weak	Yes
D11	Sunny	Mild	Normal	Strong	Yes
D12	Overcast	Mild	High	Strong	Yes
D13	Overcast	Hot	Normal	Weak	Yes
D14	Rain	Mild	High	Strong	No

【解】从表 5-9 可以看出，最后一列是目标类别，有两个值：Yes、No，第 2～5 列为 4 个属性的取值。

第一步，根据朴素贝叶斯定理，需要统计各种天气情况下可以打球和不能打球的分布，结果见表 5-10。

表 5-10　目标类别为 C_i 及在 C_i 条件下属性取 x_i 的样本数

Outlook			Temperature			Humidity		Wind		Playball	
Sunny	Overcast	Rain	Hot	Mild	Cool	High	Normal	Weak	Strong		
2	4	3	2	4	3	3	6	6	3	Yes	9
3	0	2	2	2	1	4	1	2	3	No	5

第二步，计算先验概率和条件概率。

先验概率是目标类别对应的概率，分别为：Yes 的概率为 9/14，No 的概率为 5/14。

条件概率是当已知类别为 C_i 的条件下，出现所考察样本 X 的概率 $P(X|C_i)$。如以属性 Wind 为例，在目标类别 Yes 情况下 Weak 有 6 次、Strong 有 3 次，所以对应的条件概率为：$P(\text{Weak}|\text{Yes})=6/9$，$P(\text{Strong}|\text{Yes})=3/9$；同理，$P(\text{Weak}|\text{No})=2/5$，$P(\text{Strong}|\text{No})=3/5$。

最后形成的条件概率见表 5-11。

表 5-11　先验概率 $P(C_i)$和条件概率 $P(X|C_i)$

Outlook			Temperature			Humidity		Wind		Playball	
Sunny	Overcast	Rain	Hot	Mild	Cool	High	Normal	Weak	Strong		
0.222	0.444	0.333	0.222	0.444	0.333	0.333	0.667	0.667	0.333	Yes	0.643
0.6	0	0.4	0.4	0.4	0.2	0.8	0.2	0.4	0.6	No	0.357

第三步，对给定天气情况数据进行分类，只需要分别计算新数据对 Yes、No 的概率，概率大者即为目标类别。

新数据 $X=\{\text{Sunny,Hot,High,Weak}\}$，分别计算类别 Yes、No 的概率。

对 Yes 的概率：$P(\text{Yes}|X)=P(\text{Yes})\times P(\text{Sunny}|\text{Yes})\times P(\text{Hot}|\text{Yes})\times P(\text{High}|\text{Yes})\times P(\text{Weak}|\text{Yes})$

$=0.643\times0.222\times0.222\times0.333\times0.667$

$=0.007\,039$

对 No 的概率：$P(\text{No}|X)=P(\text{No})\times P(\text{Sunny}|\text{No})\times P(\text{Hot}|\text{No})\times P(\text{High}|\text{No})\times P(\text{Weak}|\text{No})$

$=0.357\times0.6\times0.4\times0.8\times0.4$

$=0.027\,418$

由于 $\max(P(\text{Yes}|X), P(\text{No}|X))=P(\text{No}|X)$，所以把 X 分类为 No，即这个天气下不能打球。

5.5　*k*-近邻分类方法

前面介绍的几种分类算法，如 ID3、C4.5、C5.0、CART 分类算法等均属于积极学习（eager learner）方法，根据训练样本建立分类器模型，然后对未知数据进行分类。还有一种消极学习（lazy learner）方法，这种学习方法的特点是不需要训练样本建立分类模型，而是当需要分类时才找相似的样本进行比对，以最接近的样本类别作为新样本的类别。消极学习方法的典型代表是最近邻方法。最近邻算法的思想用一句通俗的话说，就是：如果一个动物走路像鸭子，叫声像鸭子，那么它很可能就是一只鸭子。

k-近邻分类算法（k nearest neighbors，kNN）需要计算新样本与训练样本之间的距离，找到距离最近的 k 个邻居，根据这些邻居所属的类别来判定新样本的类别。如果这 k 个邻居多数属于某个类，就将该样本分到这个类中。

5.5.1　*k*-近邻算法描述

设训练集 S，每个样本可以表示为(x, y)的形式，即$\{x_1, x_2, \cdots, x_n, y\}$，其中 $x_1, x_2, \cdots, x_n$ 表示样本的属性值，y 表示样本的类标号，X 为新样本，k 为事先确定的最近邻数目，则 *k*-最近邻（kNN）分类算法描述如下。

输入：训练数据集 S，新样本 X，最近邻数目 k。

输出：新样本 X 的类标号。

（1）FOR 训练数据集 S 的每个样本 x　DO

（2）计算 X 与 x 之间的距离 d(X, x);

（3）END FOR

（4）选择 k 个距离最小的样本;

（5）统计 k 个样本的类标号，将最多的类标号作为 X 的类标号。

需要说明的是，kNN 算法需要用到距离计算样本之间的远近，这就需要用到第二章的距离和度量的知识了。

【例 5-6】按照性别、身高统计的类别情况，见表 5-12，利用 kNN 算法对样本{高峰，女，1.6}进行分类，其中 k=5。

表 5-12　数据样本表

姓名	性别	身高/米	类别	姓名	性别	身高/米	类别
王娜娜	女	1.6	矮	孙晓	男	2.2	高
李明	男	2	高	吴征	男	2.1	高
王欣	女	1.9	中等	郑兰	女	1.8	中等
马丽	女	1.83	中等	王天	男	1.95	中等
赵艳	女	1.7	矮	金木	女	1.9	中等
周深	男	1.85	中等	冯华	女	1.8	中等
韩文文	女	1.6	矮	刘丽	女	1.75	中等
钱永	男	1.7	矮	高峰	女	1.6	?

【解】按照身高属性计算新样本{高峰，女，1.6}与其他训练样本的距离，并从中选取 5 个最小距离的样本做进一步计算。

经过计算，5 个最小距离的样本列于表 5-13。

表 5-13　聚类结果表

姓名	性别	身高（米）	类别
王娜娜	女	1.6	矮
钱永	男	1.7	矮
韩文文	女	1.6	矮
刘丽	女	1.75	中等
赵艳	女	1.7	矮

从表 5-13 可以看出，4 个属于矮个、一个属于中等，最终 kNN 方法认为“高峰”为矮个。

k-近邻算法使用的模型实际上对应于对特征空间的划分，k 值的选择、距离度量和分类决策规则是该算法的 3 个基本要素。

（1）决定 k 的取值。k 值的选择会对算法的结果产生重大影响。k 值较小意味着只有

与输入实例较近的训练实例才会对预测结果起作用，但容易发生过拟合；如果 k 值较大，优点是可以减少学习的估计误差，但缺点是学习的近似误差增大，这时与输入实例较远的训练实例也会对预测起作用，可能导致预测错误。在实际应用中，k 值一般选择一个较小的数值，通常采用交叉验证的方法来选择最优 k 值。随着训练实例数目趋向于无穷和 $k=1$ 时，误差率不会超过贝叶斯误差率的 2 倍。如果 k 也趋向于无穷，则误差率趋向于贝叶斯误差率。该算法中的分类决策规则往往是少数服从多数规则，决定新样本的类别。

（2）确定距离函数。距离度量一般采用切比雪夫距离，当 $p=2$ 时，即为欧氏距离。在计算距离之前，需要将每个属性的值规范化，这样可以有效克服具有较大值的属性权重过大问题。

5.5.2　*k*-近邻算法的优缺点

k-近邻算法的优点如下。

（1）易于编程，且不需要优化和训练。

（2）当样本增大到一定容量，k 也增大到合适的程度时，k-近邻的误差率与贝叶斯方法的误差率基本一致。

k-近邻算法的缺点如下。

（1）在高维和数据质量较差时，k-近邻方法表现欠佳。

（2）当训练样本量 n 过大时，需要逐个样本计算距离，计算时间太长。如计算一个点要 p 次操作，每次查询都要 np 次计算，时间复杂度为 $O(np)$。

（3）k-近邻算法对 k 的选择需要靠经验，这取决于要处理的问题与背景。

5.5.3　案例分析：乘坐式割草机分类销售

一个乘坐式割草机的制造商想找一个方法把城市的家庭划分为可能会购买载人割草机和不可能购买的两类。已知一个样本包括该城的 12 个拥有该种割草机的家庭和 12 个不拥有该种割草机的家庭，数据见表 5－14。

表 5－14　家庭信息

观测记录	年度收入/千美元	地块大小/千平方英尺	拥有者＝1，非拥有者＝0
1	60.0	18.4	1
2	85.5	16.8	1
3	64.8	21.6	1
4	61.5	20.8	1
5	87.0	23.6	1
6	110.1	19.2	1
7	108.0	17.6	1
8	82.8	22.4	1
9	69.0	20.0	1

续表

观测记录	年度收入/千美元	地块大小/千平方英尺	拥有者=1，非拥有者=0
10	93.0	20.8	1
11	51.0	22.0	1
12	81.0	20.0	1
13	75.0	19.6	0
14	52.8	20.8	0
15	64.8	17.2	0
16	43.2	20.4	0
17	84.0	17.6	0
18	49.2	17.6	0
19	59.4	16.0	0
20	66.0	18.4	0
21	47.4	16.4	0
22	33.0	18.8	0
23	51.0	14.0	0
24	63.0	14.8	0

那么如何选择 k 值呢？

在数据挖掘中，这类问题首先需要画出散列点图，如图 5-8 所示，以便于观察数据分布特征。为了方便讨论，利用训练数据给测试数据的记录进行分类，然后计算选择不同的 k 值所产生的分类错误率。在该例中，随机地把数据分成两类：有 18 个记录的训练集和有 6 个记录的测试集。当然，在数据挖掘的实际应用中，集合的数据量要大得多。测试数据集包括表 5-14 的第 6、7、12、14、19、20 号记录，余下的 18 个记录属于训练集。如果选择 $k=1$，那么分类将会对数据的局部特征非常敏感；如果选择一个较大的 k 值，那么在大量的数据点上进行平均，就会把和单个记录有关的噪声给平均掉；如果选择 $k=18$，那么就会把所有的测试数据记录都归到训练数据里面记录最多的类里。这是一个非常稳定的预测，但是却完全忽略了自变量里的信息。

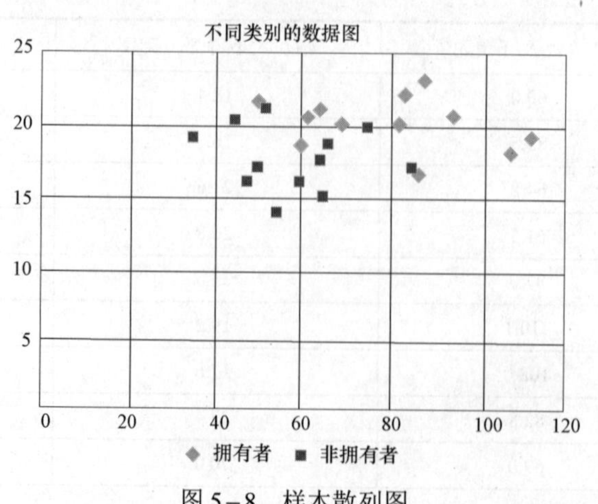

图 5-8　样本散列图

对于不同 k 值，计算测试数据错误分类率的变化情况见表 5－15。

表 5－15　乘坐式割草机数据的分类误差

k	1	3	5	7	9	11	13	15	18
错误分类率/%	16	33	33	33	33	33	17	17	17

在此情况下，选择 $k=11$ 或 13 能够最好地平衡低 k 值造成的区域数据过度敏感和高 k 值造成的过分平滑之间的矛盾。值得一提的是，通过“参数的有效个数”概念来理解 k 是一个不错的主意。对于 k，相应参数的有效个数是 n/k，其中 n 是训练数据集规模，如本例中 $n=18$。因此，$k=11$ 时有效参数个数约等于 2，表示它与由两个系数拟合的线性回归函数的平滑程度大体相似。

5.6　人工神经网络分类方法

人工神经网络（artificial neural network）是模拟人脑思维方式的数学模型，用来模拟人类大脑神经网络的结构和行为，反映了人脑功能的基本特征，如学习、联想、并行处理、模式分类、记忆等。

5.6.1　神经元概念

在经历了 20 世纪 60 年代早期和 80 年代中期的大发展之后，一些人工神经网络模型目前已经成为数据挖掘的重要方法。据研究，人类的大脑估计有一百亿个神经元，每一个神经元平均和其他 10 000 个神经元相连接。神经元通过神经突触接收信号并控制信号的反应，这些神经突触的连接被认为在大脑活动中起关键作用。人工神经网络是由若干神经元连接而成的。一个典型的神经元模型如图 5－9 所示。

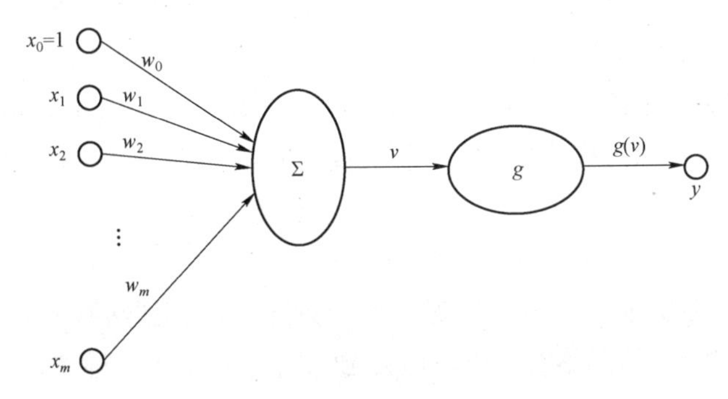

图 5－9　神经元模型

从图 5－9 可以看出，人工神经元有 3 个基本组成部分。

（1）为输入值 x_j 提供权重 w_j 的突触或连接，$j=1, 2, \cdots, m$。

（2）一个把加权的输入加到一起作为激活函数输入的加法器。在此 $v=w_0+\sum_{j=1}^{m} w_j x_j$，其中 w_0 称为偏移量，是一个和该神经元有关的数值。为便于理解，可以把偏移量想象为

一个 x_0 输入的权重，在此 x_0 恒等于 1。因此 v 可以简写为 $v=\sum_{j=0}^{m} w_j x_j$ 。

（3）一个激活函数 g，也称作传递函数，该函数把 v 映射到该神经元的输出值 $g(v)$，一般是一个单调函数。

尽管已经有若干种人工神经网络结构，但在数据挖掘中应用最成功的是多层前馈神经网络（multilayer feedforward neural networks）。

5.6.2 神经网络模型

在一个有约束学习的情况下，当神经网络被用来预测一个数值量时，在输出层里有一个神经元，其输出就是这个预测数值；当神经网络用于分类时，通常输出层里的结点数量等于类的数量，对于某个记录的一组输入，输出层里具有最大输出值的结点给出了该记录的类估计。在只有两类的特殊情况下，通常在输出层只有一个结点，在这个结点里把输出值和阈值进行比较可得到记录的分类。

1. 单层神经网络

首先从学习单层神经网络（只有输入层和输出层，没有隐藏层）开始。最简单的神经网络只有一个神经元，激活函数 g 是二值函数，即对于所有的变量 $v, g(v)=\begin{cases}1 & v>0\\ 0 & v\leqslant 0\end{cases}$。

在这种情况下，网络的输入是 $\sum_{j=1}^{m} w_j x_j$ ，它是输入向量 $x=(x_1, x_2, \cdots, x_m)$的线性函数。

如果用多元线性回归函数为因变量 y 建立模型，可以把神经网络理解为一个给出 x 值可预测 y 值的线性函数，这里权重就是系数。如果使用训练样本，选择权重使得均方误差（MSE）最小，那么这些权重就是系数的最小二乘估计。但是，神经网络采用的方法不同，这些权重是利用学习样本反复“训练”得来的。神经网络在训练阶段，把学习样本数据一条接一条地送到神经网络，每一条数据记录进去之后，权重数值就改变一下以便使得均方误差最小。权重的逐步调整是根据学习样本数据的误差决定的，这一过程称为“训练”神经网络。最小均方法（LMS）是常用的学习方法之一，其原理是：令 $x(i)$表示第 i 个用于训练神经网络的学习样本向量，当前权重为向量 $w(i)$，则权重更新公式为：$w(i+1)=w(i)+\eta(y(i)-y^*(i))x(i)$，在此 $w(0)=0$，$y(i)$为实际输出值，$y^*(i)$为 $y(i)$的期望输出值，$\eta\in(0,1)$是学习因子。

有人已经证明，通过把学习样本数据一次一条陆续地送到网络上去训练神经网络，那么对于足够小的正数η，该网络算法能够收敛到最佳权重值上。注意，学习样本数据可能会被多次送到网络上以保证 $w(i)$趋近最佳值。动态更新 $w(i)$的优点是网络可以有效地跟踪隐含线性模型的细微变化。对于有 C 个类别的分类问题，如果使用单层神经网络模型，那么需要在输出层使用 C 个结点。假定输入向量均服从多元正态分布，并且有一个共同的协方差矩阵，那么 Fisher 分类函数的系数就是神经网络的最佳权重。

2. 多层神经网络

多层神经网络是实际应用中最流行的一种人工神经网络，一般采用单 S-函数或双 S-

函数作为激活函数。

单 S-函数：

$$f(x)=\frac{1}{1+\mathrm{e}^{-x}} \tag{5-10}$$

双 S-函数：

$$f(x)=\frac{1-\mathrm{e}^{-x}}{1+\mathrm{e}^{-x}}=\frac{2}{1+\mathrm{e}^{-x}}-1 \tag{5-11}$$

它们的图形如图 5-10 所示。

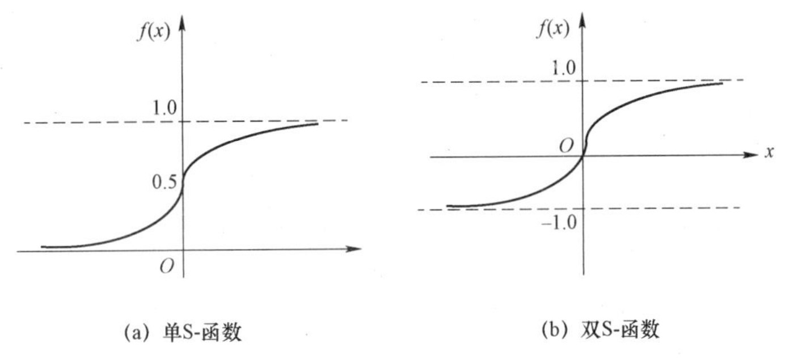

(a) 单S-函数　　(b) 双S-函数

图 5-10　S-函数图形

S-函数的实用价值在于，它对很小和很大的 x 值有一个挤压效应，但当 $f(x)$在 1～0.9 这个范围之内时几乎是线性的。

多层神经网络中最重要的一种是 BP 神经网络，是在 20 世纪 80 年代由 Ramelhart 和 McClelland 提出的，采用多层前馈神经网络的反向传播（back propagation，BP）学习算法，是有导师的训练算法。BP 神经网络是一种典型的非线性处理算法，具有算法简单、容错性好、自适应能力强等优点，能够将高维数据经过处理后变为低维数据，也常用于时间预测领域，在科学研究、工程设计中应用广泛。

下面介绍 BP 神经网络的工作原理。

传统的 BP 神经网络拓扑结构至少包括 3 层：输入层、隐含层、输出层。隐含层可以是一层，也可以是多层。层与层之间通过激活函数传递信号，最后输出实际数据。如果没有得到期望的输出，则计算输出层的误差值，然后将误差进行反向传播。通过误差的反向传播，修正各层神经元的权值和偏移量，使得误差信号达到最小。实际上，BP 网络的学习过程就是不断调整网络的权值和偏移量，使得实际输出和期望输出不断接近的过程。学习过程如图 5-11 所示。

从图 5-11 可以看出，BP 神经网络的学习过程由正向传播和反向传播组成。在正向传播过程，输入信号从输入层开始逐层单元处理，并传向输出层，每一层神经元的状态只影响下一层神经元的状态。如果在输出层不能得到合理的期望输出，则转入反向传播，将输出信号的误差沿原来的连接路径返回。通过修改各层神经元的权值和偏移量，使得误差信号最小。权值和偏移量的修正采用“梯度下降法”，将误差函数 E 对权重和偏移量求偏导数，按照 δ-算法，逐层调整权值和偏移量，直至达到要求。

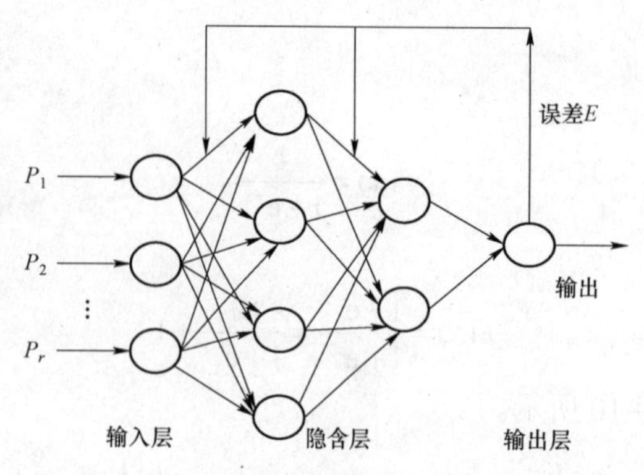

图 5-11　BP 神经网络学习过程原理图

下面对 BP 算法的推导做一个简单说明。

设神经网络的输入数据为 $P=\{P_1, P_2, \cdots, P_r\}$，初始权值矩阵为 $W_1(s_1 \times r)$，偏差为 $B=\{B_1, B_2, \cdots, B_{s1}\}$，期望输出为 $T=\{T_1, T_2, \cdots, T_{s2}\}$，输入层到隐含层的激活函数为 $f_1(\cdot)$，隐含层到输出层的激活函数为 $f_2(\cdot)$，那么正向传播步骤如下。

（1）计算隐含层第 i 个神经元输出为：

$$a_{1i} = f_1\left(\sum_{j=1}^{r} w_{1ij} P_j + b_{1i}\right) (i = 1, 2, \cdots, s_1) \tag{5-12}$$

（2）计算输出层第 k 个神经元输出为：

$$a_{2k} = f_2\left(\sum_{i=1}^{s_1} w_{2ki} a_{1i} + b_{2k}\right) (k = 1, 2, \cdots, s_2) \tag{5-13}$$

（3）定义误差函数为：

$$E = \frac{1}{2} \sum_{k=1}^{s_2} (T_k - a_{2k})^2 \tag{5-14}$$

根据预先设定的精度值 ε，比较 E 与 ε 的值。如果 $E \leqslant \varepsilon$，则满足要求；否则进行误差反向传播。

误差的反向传播过程如下。

由输出层，依据误差函数 E，按照“梯度下降法”反向计算，逐层调整权值和偏移量。

（1）计算输出层权值和偏移量：

$$\Delta W_{2ki} = -\eta \frac{\partial E}{\partial W_{2ki}} = \eta (t_k - a_{2k}) f_2' a_{1i} \tag{5-15}$$

$$\Delta b_{2k} = -\eta \frac{\partial E}{\partial b_{2k}} = \eta (t_k - a_{2k}) f_2' \tag{5-16}$$

为提高收敛速度，通常增加一个动量因子 α，用以调整学习经验的积累量。

$$W_{2ki} + (1+\alpha) \times \Delta W_{2ki} \to W_{2ki}, b_{2k} + (1+\alpha) \times \Delta b_{2k} \to b_{2k} \tag{5-17}$$

其中，$\eta \in (0, 1)$是学习因子，$i=1, 2, \cdots, s_1, k=1, 2, \cdots, s_2$，$f_2'$ 是函数 $f_2(\cdot)$的一阶导数。

（2）计算输入层权值和偏移量：

$$\Delta W_{1ij}=-\eta\frac{\partial E}{\partial W_{1ij}}=\eta\sum_{k=1}^{s_2}(t_k-a_{2k})f_2'w_{2ki}f_1'P_j \tag{5-18}$$

$$\Delta b_{1i}=-\eta\frac{\partial E}{\partial b_{1i}}=\eta\sum_{k=1}^{s_2}(t_k-a_{2k})f_2'w_{2ki}f_1' \tag{5-19}$$

$$W_{1ij}+(1+\alpha)\times\Delta W_{1ij}\to W_{1ij},b_{1i}+(1+\alpha)\times\Delta b_{1i}\to b_{1i} \tag{5-20}$$

其中，$i=1,2,\cdots,s_1$，$j=1,2,\cdots,r$，f_1'是函数$f_1(\cdot)$的一阶导数。

算法流程如图 5-12 所示。

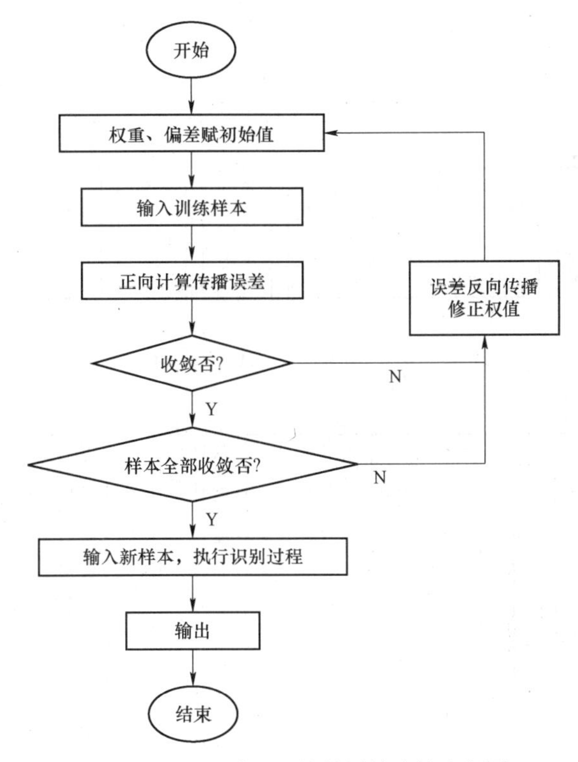

图 5-12　BP 神经网络传播算法的流程图

5.6.3　神经网络的应用

神经网络在工程上已经有许多成功的应用案例，其中一个有名的例子是 ALVINN，它可以自动驾驶汽车在高速公路上按设定速度行驶。采用 BP 神经网络模型，输入是固定在汽车上的多个摄像头的 30×32 像素网格上的强度，输出是驾驶的方向，有 30 个类别，代表着“左转 90 度”“往前直走”“往右”等类别。它有 960 个输入单元，有一个含 4 个神经元的隐含层。目前，随着计算机技术的大发展和广泛应用，神经网络在各行各业均有应用案例，有兴趣的读者可以在知网搜索相关论文查阅。

5.7　利用 BP 神经网络预测岩溶塌陷

下面以某地岩溶塌陷为例说明 BP 神经网络如何进行数据挖掘，并进行塌陷区预测。

5.7.1 确定 BP 神经网络拓扑结构

拓扑结构是神经网络中重要的一个要素，决定了神经网络由几层组成、数据流向等。按照前述，BP 神经网络至少包括 3 层：输入层、隐含层和输出层，输入层由输入参数构成。

岩溶塌陷预测工作，首先要确定由哪些参数构成预测评价指标体系，从而也就确定了输入参数。根据某地岩溶塌陷实际情况，建立了如图 5-13 所示的预测评价指标体系。

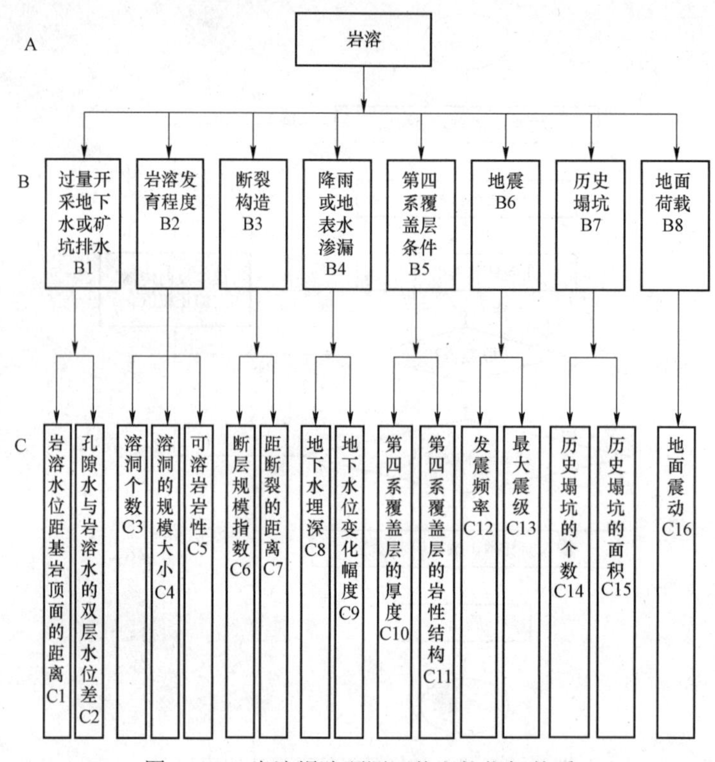

图 5-13 岩溶塌陷预测评价主控指标体系

可以看出，该地的岩溶塌陷评价共有 16 个三级指标，即 BP 神经网络的输入层有 16 个参数。

下面讨论输出层。

按照地学工作者的论点，岩溶塌陷稳定性评价一般分为五级：稳定、基本稳定、难塌、易塌、极易塌，分别对应 1、2、3、4、5。因此输出层可以包含 5 个结点。

按照隐含层的设计原则，一般取输入结点数和输出结点数中间的某个值，在此取 8，即隐含层包含 8 个结点。

这样某地岩溶塌陷的 BP 网络预测模型拓扑结构为：16-8-5。

传统的 BP 神经网络方法易陷入局部极值，且计算效率不高，因此实际中常采用改进的 BP 神经网络方法，如增加学习因子 η、动量因子 α 和陡度因子 λ，以提高网络的收敛速度。

5.7.2　提取原始数据

从上述 16 个参数可以看出，有些是定量的数值型，有些是定性的标称量，需要从多种渠道获得这些数据，包括实地测量、相关地质资料、水文地质资料、图纸等，这些数据的获取往往耗费很大精力和财力。

将获得的原始数据保存在数据库中备用。表 5-16 是整理完的部分原始数据。

表 5-16　部分原始数据

x	*y*	C1	C2	C3	C4	C5	C6	C7	C8	C9	C10	C11	C12	C13	C14	C15	C16
85	94	21	4	2	6	5	0	0.001 9	0.042 4	1.1	0.001 0	1	2	2.2	0	0	0
85	95	22	4	5	16	3	0	0.002 4	0.042 2	1.0	0.001 1	1	2	2.9	0	0	0
85	96	23	5	7	20	3	0	0.003 1	0.042 0	0.9	0.001 3	1	3	4.4	0	0	0
85	97	24	5	6	20	3	0	0.004 4	0.042 2	0.8	0.001 5	1	0	0	0	0	0
85	98	30	7	7	21	3	0	0.008	0.042 0	0.7	0.001 8	1	6	5.1	0	0	0
85	99	34	5	6	18	3	0	0.04	0.041 8	0.6	0.002 1	1	7	4.2	0	0	1
85	100	42	8	9	25	3	0	0.04	0.042 2	0.5	0.002 7	1	7	2.9	0	0	1
85	101	45	15	9	26	3	0	0.005	0.042 6	0.5	0.003 7	1	0	0	0	0	1
85	102	46	17	7	21	4	0	0.01	0.042 4	0.8	0.005 9	3	7	4.5	0	0	1

在表 5-16 中，最前面两列 *x*、*y* 表示大地坐标位置。

5.7.3　数据预处理

原始数据往往存在噪声、缺失、重复、量纲不统一、不同参数数值差别巨大等问题，这就需要进行数据预处理操作。

从表格 5-16 可以看出，各参数已经是数值，但有的很小，有的较大，不利于进一步处理，因此需要按照归一化原则，对除坐标外的每列进行归一化处理。表 5-17 是归一化后的部分数据。

表 5-17　归一化处理后的数据（部分）

x	*y*	C1	C2	C3	C4	C5	C6	C7	C8	C9	C10	C11	C12	C13	C14	C15	C16
85	94	0.244 4	0.111 1	0	0	1	0	0.000 4	0.481 4	0.476 2	0.000 1	0	0.054 1	0.278 5	0	0	0
85	95	0.266 7	0.111 1	0.090 9	0.041 3	0.5	0	0.000 9	0.475 8	0.428 6	0.001 2	0	0.054 1	0.367 1	0	0	0
85	96	0.288 9	0.148 1	0.151 5	0.057 9	0.5	0	0.001 6	0.470 2	0.381 0	0.002 7	0	0.081 1	0.557 0	0	0	0
85	97	0.311 1	0.148 1	0.121 2	0.057 9	0.5	0	0.003 0	0.475 8	0.333 3	0.004 7	0	0	0	0	0	0
85	98	0.444 4	0.222 2	0.151 5	0.062 0	0.5	0	0.006 5	0.470 2	0.285 7	0.007 3	0	0.162 2	0.645 6	0	0	0
85	99	0.533 3	0.148 1	0.121 2	0.049 6	0.5	0	0.038 6	0.464 7	0.238 1	0.011 1	0	0.189 2	0.531 6	0	0	0.2
85	100	0.711 1	0.259 3	0.212 1	0.078 5	0.5	0	0.038 6	0.475 8	0.190 5	0.016 9	0	0.189 2	0.367 1	0	0	0.2
85	101	0.777 8	0.518 5	0.212 1	0.082 6	0.5	0	0.003 5	0.487 1	0.190 5	0.027 0	0	0	0	0	0	0.2
85	102	0.8	0.592 6	0.151 5	0.062 0	0.75	0	0.008 5	0.481 4	0.333 3	0.049 0	1	0.189 2	0.569 6	0	0	0.2

5.7.4 建立岩溶塌陷预测的 BP 神经网络挖掘模型

根据前述，本例采用 3 层 BP 神经网络拓扑结构。

（1）选择样本数据和测试数据。从所有记录数据集中，随机选取一部分数据作为样本集，这里选择了 41 条记录，占总数据集的 10%；再随机选择 5 条记录作为测试样本数据，占总数据集的 1.25%左右。

（2）确定学习因子、动量因子和陡度因子。作为调节系数，学习因子、动量因子和陡度因子的选择对计算效率影响很大，在此采用“实验法”进行确定。下面以陡度因子 λ 为例介绍。

由于调节因子一般在（0,1）区间内，因此分别在（0,0.4）、（0.4,0.6）、（0.6,1）三个区间选择一个值作为陡度因子 λ 的实验值，计算各个值在 41 个样本时的收敛情况，结果如图 5－14 所示。

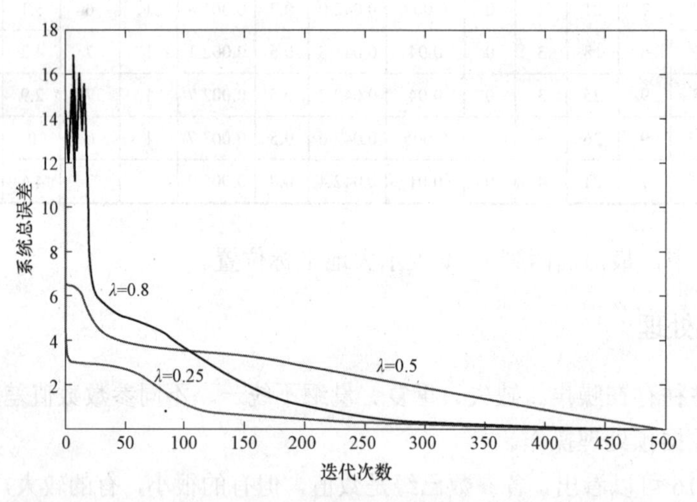

图 5－14　不同的 λ 系统误差曲线

可以看出，当 $\lambda=0.25$ 时计算效率最快；在 $\lambda=0.8$ 时，开始的 20 多次迭代出现反复，但之后快速收敛；而在 $\lambda=0.5$ 时，计算效率明显变得缓慢。其他两个调节系数学习因子和动量因子也如此实验选择。经过多次实验，选取学习因子 $\eta=0.8$，动量因子 $\alpha=0.6$，陡度因子 $\lambda=0.8$，构建完成岩溶塌陷预测的 BP 神经网络挖掘模型。

利用 5 条测试样本数据对该模型进行精确度测试，获得 100%的正确率，因此该模型可行。

5.7.5 岩溶塌陷预测

利用上面构造的 3 层 BP 神经网络岩溶塌陷挖掘模型，将各样本点数据代入预测挖掘模型，得到各个测点的稳定性评价结果。然后将此结果与 GIS（geographic information system，地理信息系统）地图进行集成，形成工作区的岩溶塌陷预测成果图，如图 5－15 所示。

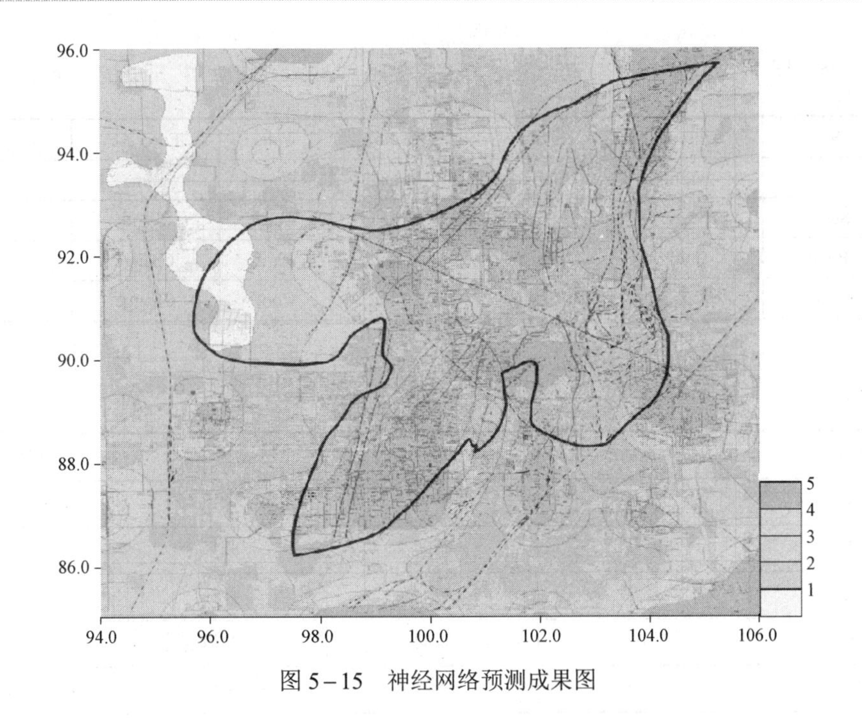

图 5–15　神经网络预测成果图

在图 5–15 中，图示 1、2、3、4、5 分别对应岩溶塌陷的稳定性评价等级：稳定、基本稳定、难塌、易塌、极易塌。可以看出岩溶塌陷易塌区集中在工作区的中间位置，颜色越深表明越易塌陷。

5.8　本章小结

本章主要介绍了分类概念、分类挖掘的一般过程，并详细介绍了几种分类算法：决策树算法、贝叶斯分类算法、*k*-近邻分类方法、神经网络算法等。在决策树算法中主要介绍了 ID3 算法及其改进算法 C4.5、C5.0 算法及二叉树 CART 算法等，重点介绍了信息熵、信息增益、增益率、基尼系数等概念及这些概念在决策树算法中的作用；贝叶斯分类算法主要介绍了朴素贝叶斯算法，指出“独立同分布”是朴素贝叶斯算法的基本约定；详细介绍了人工神经网络算法中的 BP 神经网络算法、简单推导了算法过程，并以岩溶塌陷稳定性分类为例介绍了 BP 神经网络算法的应用。

习　　题

（1）简述人工神经元数学模型。

（2）简述 *k*-最近邻点算法思想。

（3）在构建决策树时，可能会出现过度拟合现象，请简要分析其产生原因。如何解决过度拟合？

（4）给定以下的数据库表，请计算按属性 Sky 划分后的信息增益，写出计算过程。

［注：$\log_2(3/4)=-0.415$］

ID	Sky	AirTemp	Humidity	Wind	Water	Forecase	Enjoysport
1	Sunny	Warm	Normal	Strong	Warm	Same	Yes
2	Sunny	Warm	High	Strong	Warm	Same	Yes
3	Rainy	Cold	High	Strong	Warm	Change	No
4	Sunny	Warm	High	Strong	Cool	Change	Yes

（5）机动车驾照考试与天气关系密切。已知数据集如下表：

路况 A1	气温 A2	天气 A3	刮风 A4	适合路考 Y
很好	高温	晴朗	微风	不
很好	高温	晴朗	强风	不
一般	高温	晴朗	微风	是
坏	中	晴朗	微风	是
坏	低温	下雨	微风	是
坏	低温	下雨	强风	不
一般	低温	下雨	强风	是
很好	中	晴朗	微风	不
很好	低温	下雨	微风	是
坏	中	下雨	微风	是

使用贝叶斯算法预测路况状况为{坏, 高温, 下雨, 微风}时，是否适合路考？

第 6 章

关 联 分 析

按照辩证唯物主义的观点，事物之间是普遍联系的。如何定量刻画这种联系就成为数据挖掘中有意义的一项工作，称作关联分析。简单地说，关联分析研究的是“什么跟什么在一起”的问题。例如，打喷嚏与感冒可以看作具有关联性，因为人类患了感冒基本上会伴随打喷嚏；有人去超市购买咖啡，经常也要买一些咖啡伴侣。而最著名的关联分析案例来自沃尔玛超市，他们的店员发现，购买婴儿用品的顾客也往往购买一些啤酒。于是他们将啤酒放在婴儿用品区域，结果发现啤酒的销量大增。因此关联分析又称为购物篮分析（market basket analysis），因为它们起源于商场购物交易数据库分析。为了方便，人们把“如果购买了 X 物品就购买 Y 物品的关联法则”用“$X \rightarrow Y$”来表示。关联规则来源于数据计算，不像“如果……就……”那样肯定的逻辑法则，关联规则本质上带有不确定性的成分。

6.1 相关概念

关联：两个或多个变量的取值之间存在某种规律性联系。

项集：包含 0 个或多个项的集合。

数据关联：大量数据中项集之间有趣的关联或数据库中存在的一类重要的可被发现的相关知识。

支持度：项集 A 在事务集 S 中出现的概率，通常用 $\sup(A)=|A|/|S|$ 表示。

可信度：在事务集 S 中，项集 A 出现时项集 B 同时出现的概率。通常用 $\mathrm{conf}(A,B)=|(A,B)|/|A|$ 表示。

关联规则挖掘：产生支持度和可信度分别大于预先给定的最小支持度（min_sup）和最小可信度（min_conf）的关联规则。

支持度是对关联规则重要性的衡量，可信度是对关联规则准确度的衡量。支持度说明了这条规则在所有事务中具有多大的代表性，支持度越大，关联规则越重要。有些关联规则可信度虽然很高，但支持度却很低，说明该关联规则实用的机会很小，重要性降低。因此，支持度和可信度必须都达到一定的水平，关联规则才有意义。

最小支持度：规定了关联规则必须满足的最小支持度。

最小可信度：规定了关联规则必须满足的最小可信度。

这两个阈值的取值非常关键。如果取值过小，那么会发现大量无用的规则，影响执行效率，浪费系统资源，而且可能把目标埋没；如果取值过大，则有可能挖掘不出规则，与知识失之交臂。这两个阈值的取值需要根据专业知识确定。

6.2 二元属性的关联规则挖掘

关联规则挖掘主要包含两个阶段，具体如下。

第一阶段：获取所有的频繁项集（frequent itemsets）。发现交易数据库中所有不小于用户指定最小支持度的项目集，称作频繁项集。一个满足最小支持度的 k 项集，称为频繁 k-项集（frequent k-itemset）。

第二阶段：由频繁项集产生关联规则。

6.2.1 Apriori 算法及效率分析

Apriori 算法是 R. Agrawal 和 R. Srikant 在 1994 年提出的一种为布尔型关联规则挖掘频繁项集的原创性算法，是一种经典的关联规则挖掘算法。priori 在拉丁语中指“来自以前”，具有先知、先验的意思。当定义问题时，通常会使用先验知识或假设，这被称作“一个先验（a priori）”。因此 Apriori 算法也称作先验算法。

1. *Apriori 算法流程*

该算法的基本思想是：首先，找出所有的频繁项集，这些项集出现的频繁性至少和预定义的最小支持度一样；其次，由频繁项集产生强关联规则，这些规则必须满足最小支持度和最小可信度。最后，生成只包含频繁项的所有规则，其中每一条规则的右部只有一项，那么只有那些大于用户给定的最小可信度的规则才被保留下来。

具体算法如下。

1）获取所有的频繁项集

Apriori 算法利用频繁项集性质的先验知识（prior knowledge），通过逐层搜索的迭代方法，即将 k-项集用于探察$(k+1)$-项集，来穷尽数据集中的所有频繁项集。具体来说，先找到频繁 1-项集 L_1，然后用 L_1 找到频繁 2-项集 L_2，再用 L_2 找 L_3，直到将所有频繁项集找出来。因此查找每个 L_k 项集时需要扫描数据库一次。

【例 6－1】在一家超市的交易数据库中有 5 条交易记录，见表 6－1。

表 6－1 交易记录集

id	items
1	黄油，香肠
2	面包，黄油，饼干，口香糖
3	面包，黄油，口香糖
4	面包，黄油，口香糖，香肠
5	饼干，口香糖

其中，id 为编号，items 是每条交易所包含的项目。下面利用 Apriori 算法挖掘这个数据库存在的关联规则。

【解】 按照该超市的要求，设最小支持度为 50%、最小可信度为 70%。

首先查找频繁项集。扫描数据库，找出包含 1 项的项集，分别是面包、香肠、黄油、饼干、口香糖，计算它们的支持度分别是 60%、40%、80%、40%、80%。因为在 5 条记录中，面包出现了 3 次，因此支持度为 3/5 = 60%，其他项目以此类推，结果见表 6－2。

表 6－2　频繁 1 项集的候选集

itemset	sup
黄油	80%
香肠	40%
面包	60%
饼干	40%
口香糖	80%

按照最小支持度为 50%计算，则频繁 1-项集结果见表 6－3。

表 6－3　频繁 1-项集

itemset	sup
面包	60%
黄油	80%
口香糖	80%

其次，从频繁 1-项集中生成频繁 2-项集。在频繁 1-项集中，两两组合，生成含 2 个项的集合。然后利用这些 2-项集扫描数据库，计算每个 2-项集的支持度，结果见表 6－4。

表 6－4　频繁 2-项候选集

itemset	sup
面包，黄油	60%
黄油，口香糖	60%
面包，口香糖	60%

可以看出满足最小支持度的项集只有面包、黄油和口香糖的两两组合，它们构成了频繁 2-项集，结果见表 6－5。

表 6－5　频繁 2-项集

itemset	sup
面包，黄油	60%
黄油，口香糖	60%
面包，口香糖	60%

可以看出，有 3 个频繁 2-项集，继续生成频繁 3-项集，见表 6－6。

表 6－6　频繁 3-项集

itemset	sup
面包，黄油，口香糖	60%

至此无法再生成更长的项集了，故此挖掘出了所有频繁项集，第一阶段的挖掘结束。这一阶段的挖掘结果表明，在所有交易中，至少有 60%的交易同时购买了面包、黄油和口香糖。具体过程可用图 6－1 所示的流程表示。

在图 6－1 中，C_1 为候选 1-项集，C_2 为候选 2-项集，C_3 为候选 3-项集，L_1 为频繁 1-项集，L_2 为频繁 2-项集，L_3 为频繁 3-项集。

为了提高频繁项集逐层产生的效率，Apriori 算法通过两个重要性质以压缩搜索空间。

性质 1：若 X 是频繁项集，则 X 的所有子集都是频繁项集。

性质 2：若 X 是非频繁项集，则 X 的所有超集都是非频繁项集。

Apriori 算法由连接和剪枝两个步骤组成。

连接：为了找 L_k，通过 L_{k-1} 与自己连接产生候选 k-项集的集合，该候选 k 项集记为 C_k。

剪枝：如果一个 k-项集的（$k-1$）-子集不在 L_{k-1} 中，则该候选集不可能是频繁的，可以直接从 C_k 删除。

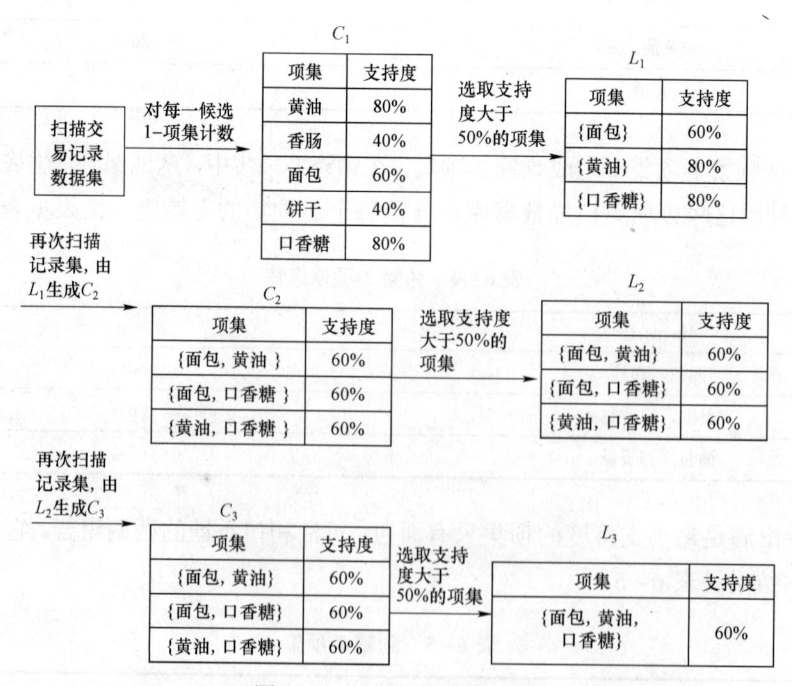

图 6－1　频繁项集挖掘过程

2）由频繁项集产生关联规则

对于每个频繁项集 L，找出 L 的所有非空子集 A，若 $\mathrm{conf}(A, L-A) \geqslant \mathrm{min\_conf}$，则

$A \rightarrow (L-A)$ 为一条关联规则。

本例中，第一阶段挖掘出的频繁项集是{面包, 黄油}、{面包, 口香糖}、{黄油, 口香糖}、{面包, 黄油, 口香糖}，因此其所有非空子集是{面包}、{黄油}、{口香糖}、{面包, 黄油}、{面包, 口香糖}、{黄油, 口香糖}、{面包, 黄油, 口香糖}，产生的关联规则见表 6－7。

表 6－7　生成的关联规则表

序号	关联规则	可信度
1	黄油→面包	0.75
2	面包→黄油	1
3	黄油→口香糖	0.75
4	口香糖→黄油	1
5	口香糖→面包	0.75
6	面包→口香糖	1
7	{黄油, 面包}→口香糖	1
8	{黄油, 口香糖}→面包	1
9	{面包, 口香糖}→黄油	1

由于可信度均大于 0.7，因此共生成 9 条关联规则。

2. Apriori 算法效率分析

主要从以下 3 个方面分析 Apriori 算法的效率。

（1）通过两个剪枝性质可知，Apriori 算法能显著减少候选集的数目。在例 6－1 中，交易数据库中总共有 5 个项集：面包、黄油、饼干、口香糖，香肠，因此可能的 2-项集有 10 个。而根据剪枝性质，“饼干”“香肠”的支持度达不到最小支持度要求，因此只需要检查 3 个候选 2-项集的支持度即可，所以 Apriori 算法在 1-项集这个层次上剪枝率达 70%。在候选 2-项集中，3 个 2-项集的支持度均达到要求，全部保留。随着候选集的长度逐渐增大，可能的组合数目也急剧增大，因此 Apriori 算法的剪枝效率也越来越高。

（2）尽管 Apriori 算法能对大量候选集剪枝，但是在大型的事务数据库中，仍然可能有大量的候选集需要处理，并且这种操作相当耗时。例如，如果事务数据库包含 n 个事务，m 是可能的项集数，l 是事务中包含的最多项数，则根据 Apriori 算法，需要进行 $O(nml)$ 次比较。如果事务集中有 k 个不同的项，则项集总数为 $m=2^k-1$ 个，这就产生了“组合爆炸”现象。

（3）反复扫描数据库、计算候选集的支持度，再生成新的长度加 1 的候选集，Apriori 算法是烦琐费时的，尤其是当存在长项集的时候更加浪费时间。如为挖掘频繁项集 $X=\{x_1, x_2, \cdots, x_{100}\}$，Apriori 算法需要扫描数据库 100 次。Apriori 算法是一种先产生候选集，然后再检测其支持度的算法。

针对 Apriori 算法存在的缺点，有人对 Apriori 算法进行了优化，希望能够找出一个高效、可靠的挖掘频繁项集的算法。这些算法大多是以 Apriori 为核心，或是其变体，或是其扩展。如增量更新算法、并行算法等。

6.2.2 CARMA 算法

CARMA 算法（continuous association rule mining algorithm）是一种比较新的关联规则算法，它是 1999 年由 Berkeley 大学的 Christian Hidber 教授提出来的，是一种占用内存少、能够处理在线连续交易流数据的一种新型的关联规则算法。CARMA 算法有一个优点，就是在第一阶段扫描交易流的过程中，可以自动改变支持度，以控制输出规则的大小和数目，这是其他关联规则算法不具备的。

CARMA 算法一般流程如下。

（1）扫描数据集，产生一个满足给定支持度的大项集。

（2）再次扫描数据集，剔除掉较大项集中支持度比较小的项集，产生频繁项集的超集，即产生潜在频繁项集 *V*，并在其中随时调整最小支持度。对潜在频繁项集 *V* 进行删减，得到最终的频繁项集。

（3）在最终的频繁项集中，按照最小置信度原则，生成关联规则。

CARMA 算法流程如图 6－2 所示。

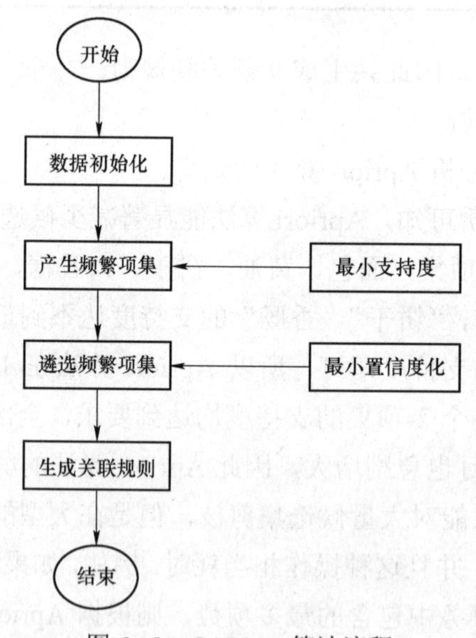

图 6－2　CARMA 算法流程

CARMA 模型在不要求用户指定 In（预测变量）或 Out（目标变量）字段的情况下，最多两次扫描数据库就完成一组规则的生成。CARMA 节点提供构建规则设定支持（前项和后项支持），而不仅仅是前项支持。

6.2.3 两种算法的比较分析

作为关联规则挖掘算法，Apriori 和 CARMA 之间既有相似之处又有所不同。首先，两种方法计算支持度的公式不一样，Apriori 是以全部数据集总数为基础，即支持度＝实例/全部记录数；CARMA 算法中的全部数据集数量则不同，CARMA 算法的支持度＝实例/

有购买记录的个数。例如，每行数据为面包、牛奶、咖啡和牛肉，如果这行数据客户什么都没有买，则 CARMA 将其排除在外。若数据有 500 条，20 条是没有购买目标项的记录，则 CARMA 支持度＝实例数/480。但两种算法的可信度却是一致的。

6.3　非二元属性的关联规则挖掘

购物篮数据的特点是二元属性，但实际上数据往往是连续的或是标称的，无法直接使用。在实际中，非二元属性数据可以利用数据预处理的方法将它们转换为二元属性，然后再进一步处理。

【例 6－2】一组购买笔记本计算机的记录见表 6－8，试挖掘笔记本计算机销售数据集中的关联规则。其中年龄字段为连续属性，文化程度为标称属性。

表 6－8　购买笔记本计算机记录表

id	年龄	文化程度	买笔记本计算机
001	49	研究生	否
002	29	研究生	是
003	35	研究生	是
004	26	本科	否
005	31	研究生	是

【解】有 n 个离散取值的标称属性可以转换为 n 个二元属性。例如，标称属性文化程度有高中、大学和研究生 3 个取值，可以转换为高中文化、大学文化、研究生文化 3 个二元属性。连续属性数据需要先进行离散化处理。例如，将年龄按年龄段划分为 0～20、21～40 和 40 以上。转换后的数据集显示于表 6－9 中。

表 6－9　转换后的购买笔记本计算机记录表

id	年龄 0～20	年龄 21～40	年龄 40 以上	高中文化	本科文化	研究生文化	买笔记本计算机
001	否	否	是	否	否	是	否
002	否	是	否	否	否	是	是
003	否	是	否	否	否	是	是
004	否	是	否	否	是	否	否
005	否	是	否	否	否	是	是

假设最小支持度阈值为 70%，最小可信度阈值为 75%。利用之前的关联规则挖掘算法，可以得到两条关联规则：{年龄 21～40}→{买笔记本计算机}，{研究生文化}→{买笔记本计算机}。

在进行属性的转换过程中，要结合数据集属性值的分布特点，否则会导致无法挖掘出有意义的关联规则。转换过程需要注意以下问题。

（1）标称属性取值过多。例如，将文化程度中研究生的取值细化为博士和硕士。id为002和005的记录文化程度取值为硕士，id为003的记录取值为博士。由于没有满足支持度阈值的频繁项集，因此无法发现任何关联规则。所以对于有较多可能取值的标称属性，最好利用概念分层将多个标称值聚合为一个二元属性。

（2）连续属性划分区间太宽或太窄。区间划分太窄会导致不满足支持度，无法发现关联规则。例如，如果将年龄的区间宽度设为10，关联规则{年龄21～30}→{购买笔记本计算机}和{年龄31～40}→{购买笔记本计算机}都无法满足支持度；如果将年龄的区间宽度设为30，尽管{年龄31～60}满足支持度，但无法满足可信度的要求。

6.4 关联规则的合并

频繁项集已经满足支持度要求，因此更关心可信度。

给定一个频繁项集X，寻找X的所有非空真子集S，使$X-S\to S$的可信度大于等于给定的可信度阈值，称强关联规则。

例如，在例6-1中，采用穷举法计算共生成了9条强关联规则。然而可以看到，这些规则中多条是重复的，因此需要加以合并。

如果$|X|=m$，则有2^m-2个候选的关联规则（去掉$L\to\varnothing$和$\varnothing\to L$）。当m很大时，可能产生庞大的候选规则集！

【定理6-1】设X为频繁项集，S为其非空子集，S'为S的子集。若$X-S\to S$为关联规则，那么$X-S'\to S'$也是关联规则。称作关联规则的Apriori性质。

【证明】由于X为频繁项集，所以其非空子集S、S'也是频繁项集。两个规则的可信度分别为$\sup(S)/\sup(X-S)$和$\sup(S')/\sup(X-S')$，而因为$S'\subseteq S$，$X-S\subseteq X-S'$，所以$\sup(S')\geqslant\sup(S)$，$\sup(X-S)\geqslant\sup(X-S')$，因此$\sup(S')/\sup(X-S')\geqslant\sup(S)/\sup(X-S)$，即规则$X-S'\to S'$的可信度大于或等于规则$X-S\to S$的可信度，也为强关联规则。

利用定理6-1，逐层生成关联规则。首先产生后件只包含一项的关联规则，然后两两合并这些关联规则的后件，生成后件包含两项的候选关联规则，从这些候选关联规则中再找出强关联规则，以此类推。例如，假设{x y z w}是某集合的频繁项集，如果{x z w}→{y}和{x y w}→{z}是两个规则，那么通过合并两个规则的后件生成候选规则的后件{y z}，候选规则的前件为{x y z w}-{y z}={x w}，得到新候选规则{x w}→{y z}，如图6-3所示。如果图6-3中的任意节点的可信度达不到最小值，则根据关联规则的Apriori性质，剪掉该节点生成的整个子树。例如，假设规则{y z w}→{x}的可信度不达标，则不会生成后件包含x的所有规则，包括{z w}→{x y)，{y w}→{x z}，{y z}→{x w}和{w)→{x y z}，{z)→{x y w}，{y)→{x z w}。

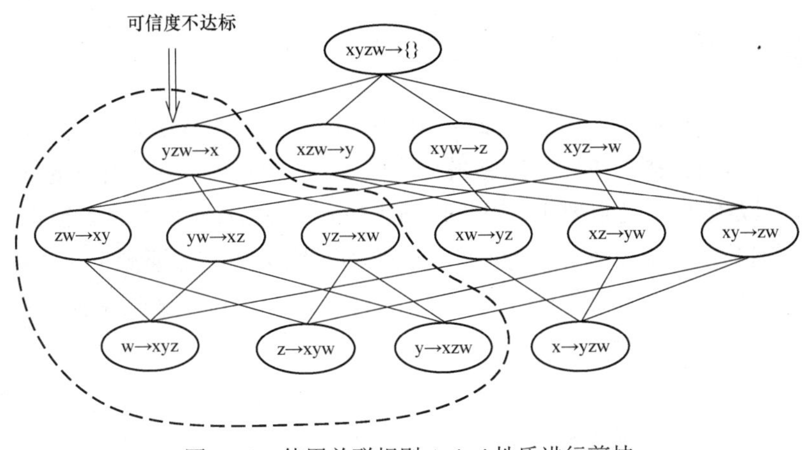

图 6－3　使用关联规则 Apriori 性质进行剪枝

6.5　关联规则的优化

从上述关联规则生成过程可以看出，可能会产生大量的规则，但显然很多规则是无意义的或是冗余的。例如，如果{x,y,z}→{w}和{x,y}→{w}具有相同的支持度和可信度，则{x,y,z}→{w}是冗余的。

6.5.1　支持度与可信度的局限

在原来的关联规则定义中，支持度和可信度是唯一使用的度量。但支持度、可信度存在很大局限性，如果支持度阈值过高，则许多潜在有意义的规则会被删掉；若支持度阈值过低，则计算代价太高，且会产生大量的关联规则，这些规则可能是冗余的，甚至是错误的。可信度有时存在误导现象，从下面例子中可以看出。

【例 6－3】某学校为了统计吃早饭与上课打瞌睡的关系，对 500 名学生进行了调查，结果见表 6－10。试分析吃早饭与上课打瞌睡的关系。

表 6－10　吃饭与打瞌睡统计表

条目	不打瞌睡	迷糊	瞌睡	合计
吃早饭	200	135	40	375
不吃早饭	100	15	10	125
合计	300	150	50	500

【解】根据 Apriori 算法，{不打瞌睡}→{吃早饭}的支持度 sup({不打瞌睡}→{吃早饭})＝200/500＝0.4，可信度 conf({不打瞌睡}→{吃早饭})＝200/300＝0.67。

可以看到，这是一条强关联规则。但另一方面，统计一下打瞌睡的同学吃早饭的概率更高，达到 40/50＝0.8。这说明{不打瞌睡}→{吃早饭}规则具有很大的误导性。分析发现，这是因为可信度忽略了规则前件和后件的统计独立性。

6.5.2 兴趣度的引入

由于传统的支持度和可信度存在很大局限性，因此有人引入了兴趣度的概念。兴趣度是用来表示用户对所挖掘的关联规则感兴趣的程度，但到目前为止，兴趣度没有一个统一的度量公式，只是给出了几点要求。对于规则 $X\rightarrow Y$ 而言，从不同角度考察得到的兴趣度会有所不同，但基本上都应该与支持度和可信度有很大关系，需要满足 3 个基本要求。

（1）如果项集 X 和项集 Y 相互独立，即 $P(XY)=P(X)P(Y)$，那么规则 $X\rightarrow Y$ 的兴趣度为 0。

（2）如果 $P(X)$ 和 $P(Y)$ 保持不变，那么规则 $X\rightarrow Y$ 的兴趣度随着 $P(XY)$ 的增加而增加。

（3）如果 $P(XY)$ 和 $P(X)$(或 $P(Y)$)保持不变，那么规则 $X\rightarrow Y$ 的兴趣度随着 $P(Y)$（或 $P(X)$）的增加而降低。

一般来说，兴趣度包括客观和主观两种模式。其中客观兴趣度是指从数据推导出的统计量来确定模式是否有趣，如支持度、可信度、基尼指标、相关系数、Jaccard 系数等，都可以作为兴趣度度量；主观兴趣度是根据用户的解释来确定模式是否有趣，如一个模式揭示了预想不到的信息，或者具有可操作性的行为信息，那么它就是主观有趣的。

兴趣度可以对产生的规则进行过滤或排序，删除具有误导性的关联规则，衡量关联规则的有效性和可用性。

6.5.3 提升度的引入

由于兴趣度没有一个统一的度量，因此引入了提升度的概念。从本质上讲，提升度是一种简单的相关性度量，表示 X 出现时含有 Y 的概率与只有 Y 出现的概率之比，用来判断规则 $X\rightarrow Y$ 中的 X 和 Y 是否独立，如果独立，那么这个规则是无效的。提升度计算式如下：

$$\mathrm{lift}(X\rightarrow Y)=\frac{P(X|Y)}{P(X)P(Y)}=\frac{\mathrm{conf}(X\rightarrow Y)}{\mathrm{sup}(Y)} \tag{6-1}$$

提升度大于 1，表示 X、Y 存在正相关，值越大相关性越高，小于 1 表示负相关，等于 1 为相互独立。

例如，以表 6-10 的数据计算提升度。

$$\mathrm{lift}(\{不打瞌睡\}\rightarrow\{吃早饭\})=\frac{0.666\,7}{335/500}=\frac{0.666\,7}{0.750\,0}=0.888\,9$$

由于提升度小于 1，这说明{不打瞌睡}和{吃早饭}是负相关的。

为了更好地刻画 X 和 Y 的相关性，常常采用信息相依表更直观地显示，见表 6-11。

表 6-11　信息相依表

item	Y	$\overline{Y}$	Total
X	f_{11}	f_{10}	f_{1+}
$\overline{X}$	f_{01}	f_{00}	f_{0+}
Total	f_{+1}	f_{+0}	$\|T\|$

其中，$\overline{X}$ 表示 X 不在事务中出现，f_{11} 表示 X 和 Y 同时出现的次数，f_{10} 表示 X 出现而 Y 不出现的次数，f_{01} 表示 Y 出现而 X 不出现的次数，f_{00} 表示 X 和 Y 都不出现的次数。$f_{1+}=f_{11}+f_{10}$，$f_{0+}=f_{01}+f_{00}$，$f_{+1}=f_{11}+f_{01}$，$f_{+0}=f_{10}+f_{00}$。$|T|$表示数据集规模。

对于二元变量，提升度等价于可信度。

也可以利用信息相依表 6－11 进行计算获得，公式如下：

$$\text{lift}(X \to Y) = \text{conf}(X \to Y) = \frac{P(X,Y)}{P(X)P(Y)} = \frac{|T|f_{11}}{f_{1+} \times f_{+1}} \tag{6-2}$$

6.6　洗浴时间与学习成绩的关联分析

在校大学生的日常行为习惯与学习成绩是否存在关联性？这一问题一直困扰着高校教师和学生管理者。随着大学采用校园一卡通或类似的电子信息服务系统，管理者能够及时掌握大学生每天的活动记录，如什么时间吃早餐、午餐和晚餐？什么时间去洗浴？洗浴时间有多长？什么时间去图书馆？何时离开？甚至能够记录到进入哪个期刊室，阅读的是哪类图书。将这些信息整理分析，与每个学期的学习成绩进行关联分析，就可以发现影响学习成绩的主要因素、次要因素等，为进一步引导、管理提供帮助。

下面以某高校大学生洗浴时间为例，分析洗浴时间与学习成绩的关联性。

6.6.1　数据提取与预处理

按照项目需求，需要获得学生各个学期的学习成绩，以及对应各学期的学生洗浴数据。由于各个年级所处的年代不一样，不同年级的学生不具可比性，因此需要将每一个年级作为研究对象，在提取数据时以年级为单位提取。

1. 学习成绩数据

表 6－12 是采集的某高校 2012 级大学生的 1 到 7 学期学习平均成绩数据。

表 6－12　某高校 2012 级大学生 1 到 7 学期学习平均成绩表（部分）

ID	Term1	Term2	Term3	Term4	Term5	Term6	Term7
125011101	82.46	82.31	81.77	82.64	78.7	86.86	86.57
125011102	74.17	70.45	60.75	61.1	50.17	59.96	57
125011103	74.5	77.77	74.85	71.45	63.67	67.95	67
125011104	83.85	79.85	84.09	84.82	87.11	85.5	89.8
125011105	82.31	85.29	89	85.82	91.33	90.57	86.29
125011106	85.83	84.14	89	84.23	89.56	88	84.4
125011107	79.69	80.36	85.62	82.55	85	83.86	81.86
125011108	76.46	75.91	73.82	76.73	70.36	70.5	76.07
125011109	79.92	73.77	76.55	70	66.11	65.86	76.57

为便于后续数据分析和处理，将每学期学生成绩在班级内进行排序，设定排名前 20%的学生成绩为 A 级，排名最后 20%的成绩为 C 级，中间 60%的成绩为 B 级，并按照年级、

学期保存在数据库中。

2. 学生洗浴数据提取与预处理

表 6-13 是校园一卡通刷卡消费记录，从中可以提取学生的洗浴时间。

表 6-13 校园一卡通刷卡消费记录

ID	商户名称	交易金额	交易时间	卡余额	入账日期
125051228	900000003	3	2014-06-3019:08:39	0.49	2014-06-30
125051228	北区男浴池	-0.5	2014-06-2819:00:41	3.49	2014-06-28
125051228	北区欧德隆快餐	-0.2	2014-06-2812:29:44	8.99	2014-06-28
125051228	北区大陷饺子	-5.5	2014-06-2718:47:36	19.19	2014-06-27
125051228	北区第一食堂	-1	2014-06-2619:26:24	24.69	2014-06-26

对于该年级学生洗浴时间的统计特征如图 6-4 所示。

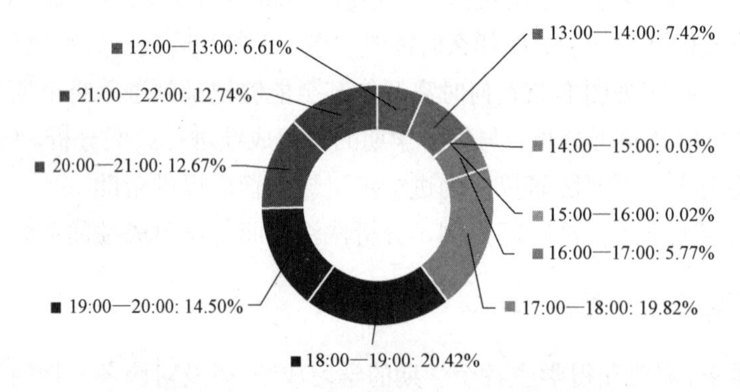

图 6-4 2012 级学生洗浴时间分布图

从图 6-4 可以看出，学生洗浴时间主要分布在 17:00—22:00，其中 17:00 后（晚上）明显比之前（白天）洗浴的次数多得多，这说明大部分同学是在下午下课后进行洗浴，时间充裕。因此把 17:00 作为时间分割线，将洗浴时间分为两个阶段：17:00 前为白天洗浴阶段，17:00 后（含 17:00）为晚上洗浴阶段。按照这个原则，计算学生洗浴行为的白天洗浴次数、晚上洗浴次数，并以白天和晚上洗浴次数多寡分为 3 类：小于 20 次为低频次，大于 30 次为高频次，中间部分为中等频次。以表 6-14 的形式，保存在数据库中。

表 6-14 学生洗浴数据表

ID	白天洗浴次数	晚上洗浴次数
125051228	中	中
125051229	低	低
125051230	中	高
125051231	中	高
125051232	中	中
125051233	高	中
125051234	高	高
125051235	高	低

6.6.2　洗浴习惯与学习成绩的关联分析

从 6.6.1 节分析可知，大学生洗浴行为可以分为白天和晚上两个时间段，统计结果显示，大多数的同学爱好晚上洗浴。下面利用 Apriori 算法分析大学生白天洗浴和晚上洗浴习惯对学习成绩的影响。

首先建立数据仓库。将学生洗浴频次数据库与学生成绩数据库进行整合，形成一个数据库，见表 6－15。

表 6－15　整理后的学生洗浴数据和成绩数据

ID	下午洗浴次数	晚上洗浴次数	成绩
125051228	中	中	B
125051229	低	低	C
125051230	中	高	A
125051231	中	高	A
125051232	中	中	A
125051233	高	中	C
125051234	高	高	B
125051235	高	低	B

其次，扫描数据仓库以寻找所有的频繁项集。设置最小支持度 min_sup。

具体步骤如下。

（1）扫描数据集中的所有事务，对每个事务出现次数计数。

（2）根据最小支持度 min_sup，确定频繁项集 1-项集的集合 L_1，包括大于或等于最小支持度的 1-项集组成。

（3）为发现频繁项集 2-项集的集合 L_2，通过 L_1 产生候选 2-项集的集合 C_2。

（4）扫描数据库，计算 C_2 中的每个候选项集的支持度。如果某个事务包含该候选项集，则该候选项集的支持度计数加 1。

（5）确定频繁 2-项集的集合 L_2，它由大于或等于最小支持度的候选 2-项集组成。

（6）以此类推，得到频繁 k-项集。

项目计算采用通用数据挖掘软件 Clementine 实现。Clementine 软件是一个应用广泛的数据挖掘系统软件，能够处理复杂的数据类型和分析任务，具有多种显示模式。该软件集成了若干种数据挖掘算法，能够快速完成诸如关联分析、聚类分析、分类等任务。

为了更加具体地研究大学生洗浴行为与成绩表现之间的关联关系，选取了 2012 级学生在校四年的一卡通洗浴数据进行分析。经过反复实验，设定最小支持度 min_sup = 30%，可信度 min_conf = 65%对洗浴与成绩数据进行关联挖掘（之所以设定的支持度比较小，是因为在大数据集中可以找出某一类数据进行有意义的分析）。

计算结果显示，共挖掘出 4 条强关联规则，结果见表 6－16。

表 6-16　洗浴与成绩的强关联规则表

ID	后件	前件	支持度	可信度
1	成绩=A	晚上洗浴次数=高	51.6%	76.7%
2	成绩=C	下午洗浴次数=中 晚上洗浴次数=低	33.9%	77.4%
3	成绩=B	下午洗浴次数=高	61.2%	65.4%
4	成绩=A	下午洗浴次数=低 晚上洗浴次数=高	47.1%	70.2%

根据“前件→后件”合并原则，将上述强关联规则合并，得到表 6-17 的强关联规则表。

表 6-17　合并后的洗浴与成绩强关联规则表

ID	后件	前件	支持度	可信度
1	成绩=C	下午洗浴次数=中 晚上洗浴次数=低	33.9%	77.4%
2	成绩=B	下午洗浴次数=高	61.2%	65.4%
3	成绩=A	晚上洗浴次数=高	49.4%	73.5%

从表 6-17 的规则可知，根据第 3 条规则，学生成绩为优秀的在晚上洗浴次数会比较多，这是一种有规律的作息时间，说明这类学生具有较强的自律性。结合学校的作息时间表可以总结为：学习成绩好的学生，白天的主要时间都花费在上课和学习上面，只有在下午下课后或晚自习后才去洗浴，这是比较合理的一种作息安排。第 1 条规则说明，不论是晚上还是白天洗浴少的同学，往往学习也不好。实际情况是，成绩表现差的学生，不论是在学习还是在生活上往往会表现出不认真、拖拉、懒散等坏毛病，这和第 1 条规则很符合。

6.7　本章小结

本章主要介绍了关联分析的若干概念，包括频繁项集、最小支持度、最小可信度、强关联规则、兴趣度、提升度等，详细介绍了经典的关联分析挖掘算法 Apriori 算法过程，并以大学生日常行为习惯与学习成绩的关联性为例，介绍了如何生成频繁项集、如何生成关联规则及规则的合并等；另外还介绍了一种占用内存少、能够处理在线连续交易流数据的新型关联规则挖掘算法——CARMA 算法。

习　题

（1）简述 Apriori 算法原理。

（2）请解释什么是支持度、可信度和强关联规则。

（3）设某事务项集构成如下表，请计算支持度和可信度。

事务 ID	项集	L_2	支持度/%	规则	可信度/%
T1	A，D	A，B		A→B	
T2	D，E	A，C		C→A	
T3	A，C，E	A，D		A→D	
T4	A，B，D，E	B，D		B→D	
T5	A，B，C	C，D		C→D	
T6	A，B，D	D，E		D→E	
T7	A，C，D	…		…	
T8	C，D，E				
T9	B，C，D				

（4）一个食品连锁店的销售系统记录了顾客购物的情况，下表中记录了 5 个顾客的购物清单，假定最小支持度 min_sup = 40%，最小可信度 min_conf = 40%，请使用 Apriori 算法计算生成强关联规则，写出整个生成过程，并解释你的结论。

记录号	所购物品清单
1	面包、果冻、花生酱
2	面包、花生酱
3	面包、牛奶、花生酱
4	啤酒、面包
5	啤酒、牛奶

（5）一个数据库中有 4 个事务，见下表，设 min_sup = 0.6，min_conf = 0.8。

ID	所购商品	ID	所购商品
00010	{A，C，D，I，K}	00020	{A，K，N}
00011	{B，C，D，I，N}	00021	{A，C，D，I，K，N}

利用 Apriori 算法计算支持度计数不小于 3 的频繁项集，并生成所有强关联规则，计算对应的支持度和置信度。（要有计算步骤）

第7章

聚类分析

物以类聚，人以群分，这句话描述的就是聚类问题。在现实世界里，有很多具体实例需要做类别区分，如银行业务中要对客户进行分类以区别对待，不同客户的存、贷款利率是不一样的；在考古学中，往往根据挖掘器物的相似程度而断代；天文学里根据各类星体的某些相似性而形成不同的星簇。这都是聚类分析的具体应用。

7.1 聚类分析概述

聚类分析是一种重要的人类行为，在处理与研究事物时，经常需要将事物进行分类。早在儿童时期，人们就可以通过不断地改进下意识中的聚类模式，区分出哪些是动物，哪些是植物。对事物进行分类，进而归纳并发现其规律已成为人们认识世界、改造世界的一种重要方法。在矿山灾害研究中，通过经济影响、人口伤亡、影响范围来区分灾害规模大小是重度、中度还是轻度，使研究人员能够清晰地看出哪些灾害是相似的，从而进一步深入研究。在古生物研究中，根据挖掘出动物的骨骼形状和尺寸将它们分类，从而确定年代背景。在分类中，由于对象的复杂性，仅凭经验和专业知识有时不能确切地分类。聚类分析的出现，可以很好地解决这个问题。

聚类分析是研究“物以类聚”问题的分析方法。利用聚类分析能够对事先没有任何了解的看似无序的对象进行分组、归类，划分成有意义的组，以捕捉数据的自然结构，从而达到更好地理解研究对象的目的。聚类的结果可以是一组数据对象的集合，称之为簇。最基本的要求是满足最大的簇内相似性，使得不同簇中的数据尽可能地不同，而同一簇中的数据尽可能地相似。聚类是一种探索性分析，事先并不知道有多少种分类，而是从数据本身出发，根据算法自行分类，因此，它是一种无监督的机器学习方法。其无监督的特性在如今的大数据时代显示出更大的优势。

作为数据挖掘的功能之一，聚类分析作为一个独立的工具可以获得数据分布的情况，观察每个簇的特点，集中对特定的簇作进一步的分析。不仅如此，聚类分析还可以作为其他算法（如分类）的预处理算法。

目前，聚类分析在模式识别、数据分析、图像处理、市场营销、信息检索等许多领域

都得到了广泛的研究和成功的应用。例如，在市场营销方面，将顾客一次购买的商品（数据项）聚类到一起有利于改善商品的布置，提高销售利润；类似地，对用户交易行为的聚类分析能帮助销售商确定相对固定的顾客群，制订商品的销售方案，评价各种促销活动的有效性；在信息检索方面，搜索引擎可以返回数以千计的网页，聚类分析可以将搜索到的网页根据其相似性进行自然的划分。例如，查询“餐馆”，返回的网页可以分成餐馆书籍、餐馆介绍、餐馆团购、餐馆评价、餐馆装修等类别。每个类别又可以继续划分为子类别，从而构成一个有层次的结构，使得用户能快速查询到自己需要的信息。在城市规划方面，通过对城市的地形地貌或人口分布进行聚类，可以帮助市政规划人员更好地进行城市分区和建设。在地震研究方面，通过对地质断层的特点进行聚类，可以将已观察到的地震分成不同的类，帮助地震研究人员展开进一步的深入研究。

聚类分析是一个具有很强挑战性的领域，它的一些潜在的应用对分析算法提出了特别的要求。下面列出一些典型的要求。

（1）可伸缩性。可伸缩性是指算法要能够处理大数据量的数据库对象，如处理成千上百万条记录的数据库。这就要求算法的时间复杂度不能太高，当然最好是多项式时间的算法。值得注意的是，当算法不能处理大数据量时，用抽样的方法来弥补并不是一个好主意，因为这通常会导致歪曲的结果。

（2）处理不同字段类型的能力。算法不仅要能处理数值性的字段，还要有处理其他类型字段的能力，例如，布尔型、枚举型、序数型、混合型等。

（3）发现具有任意形状聚类的能力。很多聚类分析算法采用基于欧几里得距离的相似性度量方法，这一类算法发现的聚类通常是一些球状的大小和密度相近的类。但现实数据库中的聚类可能是任意的形状，甚至是具有分形维度的形状，故要求算法有发现任意形状的聚类能力。

（4）输入参数对领域知识的弱依赖性。很多聚类算法都要求用户输入一些参数，例如，需要发现的聚类数，结果的支持度、可信度等，聚类分析的结果通常都对这些参数很敏感。但另一方面，对于高维数据，这些参数又是难以确定的。这样就加重了用户使用这个工具的负担，使得分析的结果很难控制。一个好的聚类算法应该针对这个问题，给出一个好的解决方法。

（5）能够处理异常数据。现实数据库中常常包含有异常数据，或者数据不完整，缺乏某些字段的值，甚至是包含错误数据的现象。有一些聚类算法可能会对这些数据很敏感，从而导致错误的分析结果。

（6）结果对输入记录顺序的无关性。有些分析算法对记录的输入顺序是敏感的，对同一个数据集，它将以不同的顺序输入到分析算法，得到的结果会不同，这是不希望看到的。

（7）处理高维数据的能力。一个数据库或数据仓库都有很多的属性或字段或维，一些分析算法在处理维数比较少的数据集时表现不错，如二、三维的数据，人的理解能力也可以对二、三维数据的聚类分析结果的质量做出较好的判别。但对于高维数据就不是那么直观了。所以对于高维数据的聚类分析是很有挑战性的，特别是考虑到在高维空间中，数据的分布是极其稀疏的，而且形状也可能是极其不规则的。

（8）增加限制条件后的聚类分析能力。在现实的应用中总会出现各种各样的限制条件，因此希望聚类算法可以在考虑这些限制的情况下，仍旧有较好的表现。

（9）结果的可解释性和可用性。聚类的结果最终都是要面向用户的，所以结果应该是容易解释和理解的，并且是可应用的。这就要求聚类算法必须与一定的语义环境、语义解释相关联。领域知识对聚类分析算法的影响是很重要的一个研究方面。

目前，主要的聚类方法有：划分法、层次法、基于密度聚类法和网格聚类法。其中，划分聚类和层次聚类是最常用的聚类方法，基于密度的聚类和网格聚类在效率上有显著提升。

7.2 基于划分的聚类分析

划分法（partitioning methods）：给定一个有 n 个元组或记录的数据集，划分法将构造 k 个分组，每一个分组代表一个聚类，这里 $k<n$，而且这 k 个分组满足下列条件。

（1）每一个分组至少包含一个数据记录。这描述了不是空类。

（2）每一个数据记录属于且仅属于一个分组。这描述了记录的唯一属性。

大部分划分方法是基于距离的。对于给定的 k，划分法首先给出一个初始的分组方法，然后通过反复迭代的方法改变分组，使得每一次改进之后的分组方案都较前一次好。这里所谓好的标准就是同一分组中的记录越近越好，而不同分组中的记录越远越好，如图 7－1 所示。

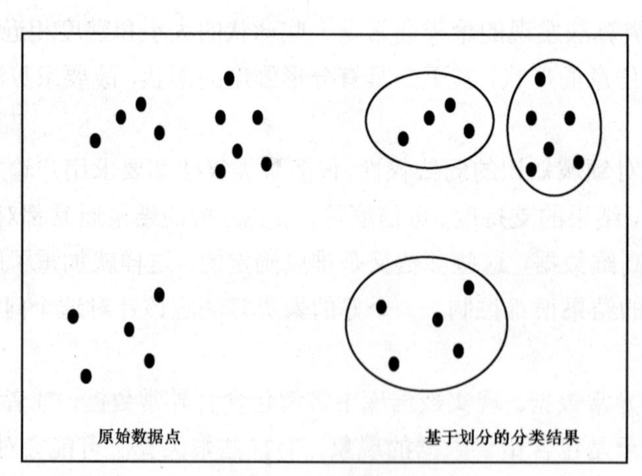

图 7－1　划分聚类

传统的划分方法可以扩展到子空间聚类，而不是搜索整个数据空间。当存在很多属性并且数据稀疏时，这是有用的。为了达到全局最优，基于划分的聚类可能需要穷举所有可能的划分，计算量极大。实际上，大多数应用都采用了流行的启发式方法，如 k-均值和 k-中心算法，逐步地提高聚类质量，逼近局部最优解。这些启发式聚类方法很适合发现中小规模的数据库中的球状簇。为了发现具有复杂形状的簇和对超大型数据集进行聚类，需要进一步扩展基于划分的方法。

使用这个基本思想的算法有：*k*-means 算法、*k*-medoids 算法、CLARANS 算法，本章重点讲述 *k*-means 算法。

7.2.1　基本 *k*-means 聚类算法

k-means 算法的基本思路是，给定一个 *k* 值，将 *n* 个数据对象划分为 *k* 个聚类，使得同一聚类中的对象具有较高的相似度，而不同聚类中的对象相似度较低。其中聚类相似度是根据各聚类中对象的均值作为“中心对象”来进行计算的。

k-means 算法的工作过程如下。

首先，从 *n* 个数据对象任意选择 *k* 个对象作为初始聚类中心，之后对于剩余的其他对象，根据它们与这些聚类中心的相似度，分别将它们分配给与聚类中心所代表的类最相似的聚类中；其次，在新的 *k* 个聚类中，再重新计算每个新聚类的聚类中心；再次，对每一个数据对象，计算其到每个新聚类中心的相似度，并将其归类到最近的聚类中；最后，不断重复第二步和第三步，直到聚类中心不再变化为止。

k-means 聚类算法：

（1）从数据集 D 中任意选择 k 个对象作为初始簇中心；
（2）repeat
（3）for 数据集 D 中每个对象 P do
（4）计算对象 P 到 k 个簇中心的距离
（5）将对象 P 指派到与其最近（距离最短）中心的簇；
（6）end for
（7）计算每个簇中对象的均值，作为新簇的中心；
（8）until　k 个簇的簇中心不再发生变化

【例 7－1】二维空间中的数据集见表 7－1，请利用 *k*-means 算法将其划分为 2 个簇。假设初始簇中心选为 P7、P10。

表 7－1　*k*-means 聚类过程示例数据集 1

	P1	P2	P3	P4	P5	P6	P7	P8	P9	P10
x	3	3	7	4	3	8	4	4	7	5
y	4	6	3	7	8	5	5	1	4	5

【解】第一步：根据题目，假设划分的两个簇分别为 C1 和 C2，初始中心分别为 P7(4,5) 和 P10(5,5)。下面分别计算 10 个样本到这 2 个簇中心的距离，并将 10 个样本指派到与其最近的簇。采用曼哈顿距离计算。

d(P1,P7)＝2，d(P2,P7)＝2，d(P3,P7)＝5，d(P4,P7)＝2，d(P5,P7)＝4，d(P6,P7)＝1，d(P8,P7)＝4，d(P9,P7)＝4，d(P10,P7)＝1。

d(P1,P10)＝3，d(P2,P10)＝3，d(P3,P10)＝4，d(P4,P10)＝3，d(P5,P10)＝5，d(P6,P10)＝3，d(P7,P10)＝1，d(P8,P10)＝5，d(P9,P10)＝3。

可以看出，d(P1,P7)＜d(P1,P10)，因此 P1 归到 C1 类。同理，其他各点根据距离远近

归到相应的类别。

第一轮迭代结果如下：

属于簇 C1 的样本有：{P7，P1，P2，P4，P5，P8}

属于簇 C2 的样本有：{P10，P3，P6，P9}

第二步：重新计算新簇的中心，得到 C1 的中心为（3.5，5.167），C2 的中心为（6.75，4.25）。

继续计算 10 个样本到新的 C1、C2 簇中心的距离，并按照最小距离原则重新分配到新的簇中。第二轮迭代结果如下：

属于簇 C1 的样本有：{ P1，P2，P4，P5，P7，P10}

属于簇 C2 的样本有：{ P3，P6，P8，P9}

第三步：重新计算新簇的中心，得到 C1 的中心为（3.67，5.83），C2 的中心为（6.5，3.25）

继续计算 10 个样本到新簇中心的距离，并分配到新的簇中。

至此发现簇中心不再发生变化，算法终止。

图 7－2 显示了 *k*-means 聚类算法对于给定的数据集的执行过程。

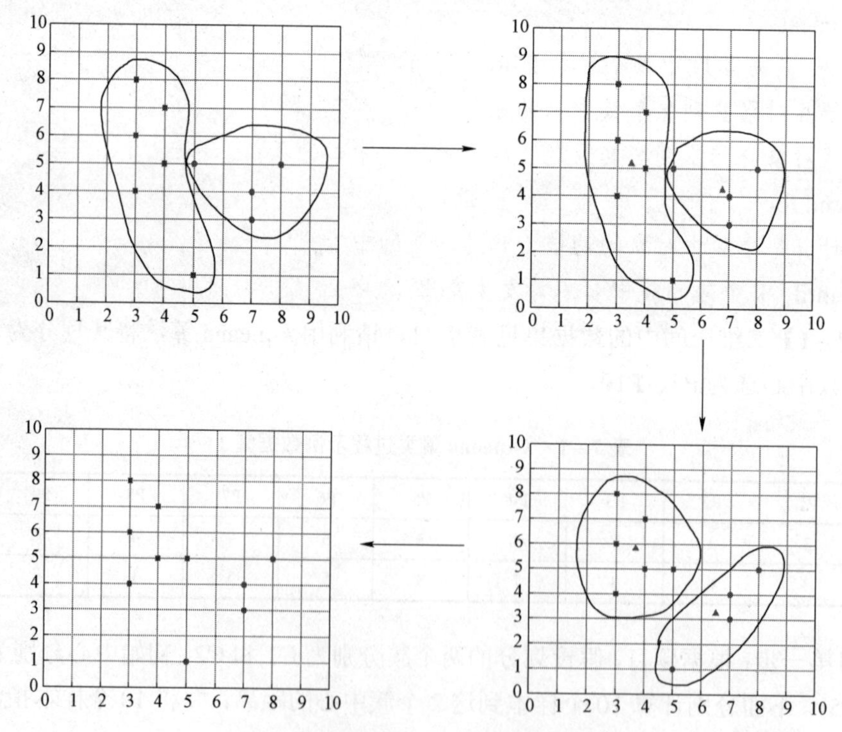

图 7－2　*k*-means 算法聚类过程示例

k-means 算法的优点：描述容易、实现简单、快速。

k-means 算法的缺点：① 簇的个数难以确定；② 聚类结果对初始值的选择较敏感；③ 该算法采用爬山式方法寻找最优解，容易陷入局部最优值；④ 对噪声和异常数据敏感；⑤ 不能用于发现非凸形状的簇，或者具有各种不同大小的簇，如图 7－3 所示。

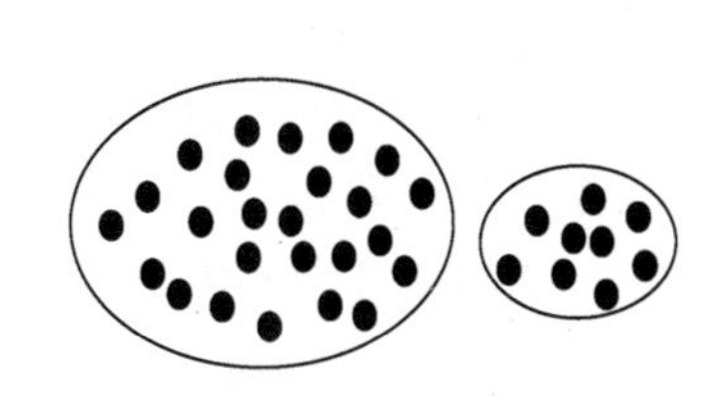

(a) 大小不同的簇

(b) 形状不同的簇

图 7－3 基于中心的划分方法不能识别的数据

7.2.2 二分 *k*-means 聚类算法

二分 *k*-means 算法是基本 *k*-means 算法的直接扩充，基于以下思路：

为了得到 *k* 个簇，将所有点的集合分裂成两个簇，从中选择一个继续分裂，如此重复直到产生 *k* 个簇。算法详细描述如下：

（1）初始化簇表，使之包含由所有点组成的簇
（2）Repeat
（3） 从簇表中选取一个簇
（4） {对选定的簇进行多次二分“试验”}
（5） for i＝1 to 试验次数 do
（6） 使用基于基本 *k*-means，二分选定的簇
（7） End for
（8） 从二分试验中选择具有最小 SSE 的两个簇
（9） 将这两个簇添加到簇表中
（10）Until 簇表中包含 k 个簇

算法中的第（3）步，从簇表中选择待分裂的簇有多种不同选择方法：可以选择最大的簇、选择具有最大 SSE 的簇或综合考虑簇的大小和总体 SSE 的标准进行选择，不同的选择策略可能导致不同的簇划分，二分 *k*-means 不太受初始化的影响。

7.2.3 *k*-means＋＋聚类算法

聚类分析是数据挖掘中的经典方法之一，可以用于度量研究对象间的相似性。该方法通过对样本的特征进行分组，将没有类别标签的数据划分为若干数量的子集，聚类成不同的簇。其中 *k*-means 算法是一种无监督聚类算法，是聚类算法中的经典算法，其本质是基于划分的算法，基本原理是在给定某个类别数 *k*，随机选取初始聚类中心后，开始聚类形成 *k* 个不同的簇，最终不断迭代优化更新各簇。因为 *k*-means 聚类算法具有原理简单、收敛速度快及局部搜索能力强等特点，能够实现样本集的高效聚类，所以被广泛运用于数据相似化度量。然而这种算法依然存在不足，如会受到初始簇中心的影响。如果随机初始化时簇中心选择不当，不仅在聚类过程中消耗大量时间，而且会导致出现聚类结果稳定性差、聚类误差大及只能找到局部最优解等问题。为了解决这一系列问题，Arthur 等人提出了基

于距离的 k-means++聚类算法。与 k-means 算法相比，k-means++算法首先随机初始化一个簇中心，再依次选出其他簇中心。虽然初始化时计算量比较大，但是在聚类过程中可以大幅提升计算的效率并且增加聚类的稳定性，减少聚类误差。

k-means++聚类算法实际上是对 k-means 算法在初始化簇中心方面做了优化，其核心思想是各个样本数据被选中为下一个簇中心的概率与该样本的适应度大小成正比。假设以轮盘赌选择法初始化簇中心，轮盘的每一部分就代表每一个样本数据被选中作为簇中心的概率大小。选取原则是记录每个样本距离到当前所有簇中心的距离最小值，再从中选出距离最大的样本作为下一个簇中心，即距离簇中心越远，则被选中作为下一个簇中心的概率就越大。

假设数据集 $S=\{x_1,x_2,\cdots,x_n\}$，有 k 个聚类中心 $C=\{C_1,C_2,\cdots,C_k\}$。基于轮盘赌选择法改进的 k-means++算法实现过程如下。

（1）随机地在数据集 S 中选择一个初始聚类中心。

（2）分别计算每个样本到最近聚类中心的距离，并计算每个样本被选为下一个聚类中心的概率，使用轮盘赌法选出下一个聚类中心，直到选取 k 个聚类中心结束。

（3）针对每个样本，计算它到 k 个聚类中心的距离并将其分到距离最小的聚类中心所对应的数据集中。

（4）重新计算每个数据集的聚类中心。

（5）重复步骤（3）、（4），直到得到聚类中心位置不发生变化。

k-means++算法流程图如图 7-4 所示。

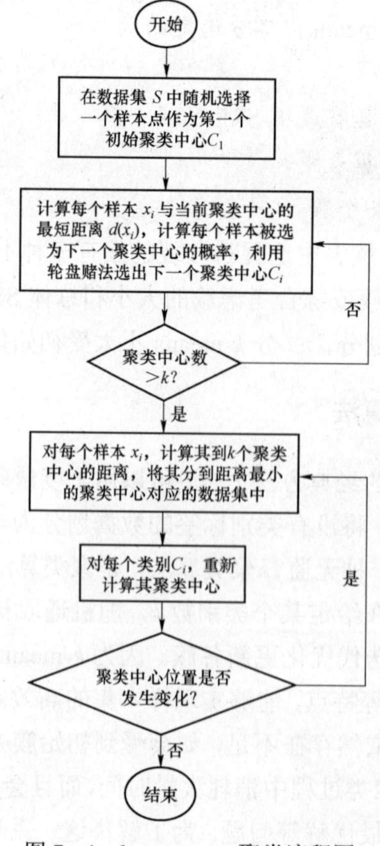

图 7-4　k-means++聚类流程图

7.3　基于层次的聚类分析

层次法（hierarchy method），是对给定的数据集进行层次似的分解，直到某种条件满足为止。具体又可分为“自底向上”和“自顶向下”两种方案，如图7–5所示。

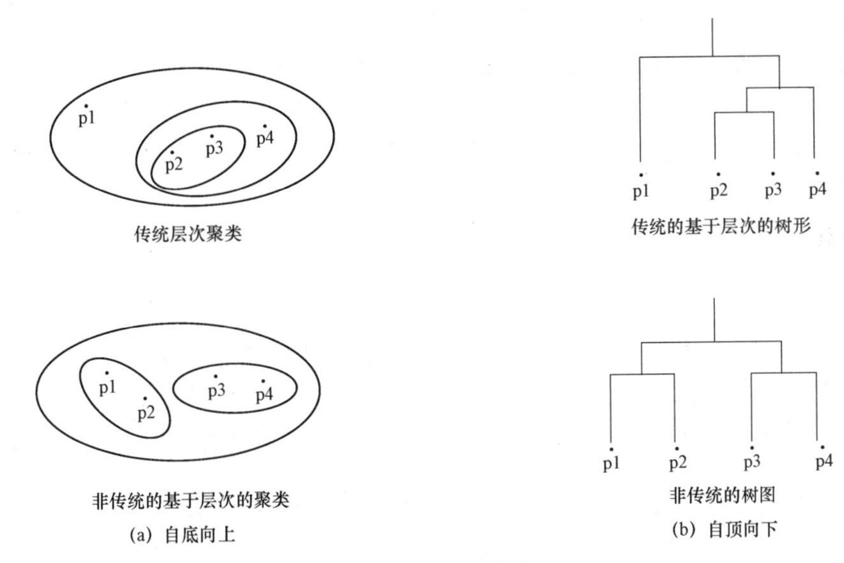

图7–5　层次聚类

在“自底向上”方案中，初始时每一个数据记录都成为一个单独的簇，然后把那些相互邻近的簇合并成一个大一点的簇，直到所有的记录形成一个簇或满足某个条件为止，这种方案称作聚合。

“自顶向下”方案与“自底向上”方案正好相反。首先将所有对象置于同一个簇中，然后将其不断分解，得到规模越来越小的簇，直到所有对象都独自构成一个簇或满足某个条件为止，这种方案称作分解或分裂。

层次聚类方法可以基于距离、密度或连通性，是一种比较简单的聚类方法，但在合并或分裂时的选择点非常关键。层次聚类方法的缺陷在于，一旦一个步骤（合并或分裂）完成，它就不能被撤销，这有可能导致严重的错误。另外，这种聚类方法的可扩展性较差，因为在合并或分裂时需要检查和估算大量的对象或簇。

改进层次聚类质量的有效方法是集成层次聚类和其他聚类技术，形成多阶段聚类。下面就介绍3种改进的层次聚类方法：BIRCH、ROCK和CURE算法。其中BIRCH（balanced iterative reducing and clustering using hierarchies）算法首先用树结构对对象集进行层次划分，其中叶节点或低层次的非叶节点可看成是由较高分辨率决定的“微簇”，然后使用其他聚类算法对这些微簇进行宏聚类；ROCK（robust clustering using link）算法基于簇间的互联性进行合并；CURE（clustering using reprisentatives）算法采用若干个代表性对象而不是中心来表示一个簇。

7.3.1 BIRCH 算法

BIRCH 算法是 1996 年由 Tian Zhang 提出的，采用了一种多阶段聚类技术，通过聚类特征 CF（clustering feature）和特征树 CF-Tree 结构来节省 I/O 成本及内存开销，使其成本与数据集的大小呈线性关系，对数据集的第一遍扫描产生了一个基本的聚类，增加扫描次数可以进一步改善聚类质量，提高算法在大型数据集合上的聚类速度及扩展性。BIRCH 的最大特点是能利用有限的内存资源完成对大数据集的高质量聚类，最小化系统的输入与输出的代价。BIRCH 还是一种增量的聚类方法，它对每一个数据点的聚类决策都是基于当前已经处理过的数据点，而不是基于全局的数据点，因此它特别适合大数据集。

CF 是一个三元组，定义如下：

给定簇中 n 个 m 维对象或数据点$\{x_1,x_2,\cdots,x_n\}$，则该簇的 CF 定义如下：

$$CF=<n,LS,SS> \tag{7-1}$$

其中：n 是簇中对象的数目，LS 是 n 个数据点的线性和（$\sum_{i=1}^{n}x_i$），SS 是数据点的平方和（$\sum_{i=1}^{n}x_i^2$）。线性和反映了聚类的重心，平方和反映了簇的直径大小。

【**例 7-2**】假设在簇 C_1 中有 3 个点（1，3），（3，2）和（6，7）。C_1 的聚类特征是：

$$CF_1=<3,(1+3+6,3+2+7),(1^2+3^2+6^2,3^2+2^2+7^2)>=<3,(10,12),(46,62)>$$

如果 C_2 是与 C_1 不相交的簇，且 CF_2=<3,(14,25),(57,120)>。那么 C_1 和 C_2 合并形成一个新的簇 C_3，其聚类特征 CF_3 即为 CF_1+CF_2，即：

$$CF_3=<3+3,(10+14,12+25),(46+57,62+120)>=<6,(24,37),(103,182)>$$

1. CF-树

一个 CF-树是一个高度平衡的树，它具有两个参数：分支因子和阈值 T，分支因子包括非叶节点 CF 小组最大个数 B 和叶节点中 CF 小组的最大个数 L，如图 7-6 所示。

CF-树的构造过程实际上是一个数据点的插入过程，其步骤如下。

（1）从根节点开始往下递归，计算当前小组与要插入数据点之间的距离，寻找距离最小的那个路径，直到找到与该数据点最接近的叶节点中的小组。

（2）将计算出的距离与阈值 T 做比较，如果小于 T 则当前小组接受该数据点；如果距离大于等于阈值 T，则转到（3）。

（3）判断当前小组所在叶节点的对象个数是否小于 L，如果是则直接将数据点插入为该数据点的新小组，否则需要分裂该叶节点。分裂原则是查找该叶节点中距离最远的两个对象并以这两个对象作为分裂后新的两个叶节点的起始对象，其他剩下的对象根据距离最小原则分配到这两个新的叶节点中，删除原叶节点并更新整个 CF-树。

当数据点无法插入时，这时就需要提升阈值 T 并重建树来吸收更多的叶节点小组，直到把所有数据点全部插入完毕。

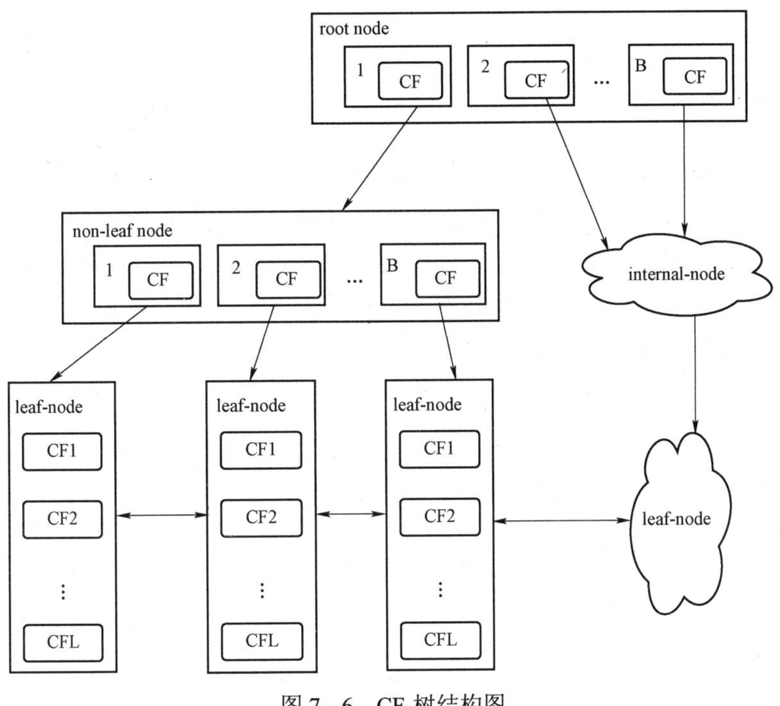

图 7－6 CF-树结构图

2. BIRCH 算法描述

BIRCH 算法主要分为 4 个阶段，具体如下。

第一阶段对整个数据集进行扫描，根据给定的初始阈值 T 建立一个初始聚类特征树。

第二阶段通过提升阈值 T 重建 CF-树，得到一个压缩的 CF-树。

第三、四阶段利用全局聚类算法对已有的 CF-树进行聚类得到更好的聚类结果。

具体步骤说明如下。

（1）给定一个初始的阈值 T 并初始化一个 CF-树 t1。

（2）扫描数据点并插入到 CF-树 t1 中。

（3）判断内存是否溢出，如果没有溢出转（4），如果溢出转（5）。

（4）此时已经扫描完所有数据点，将存储在磁盘中的潜在异类点重新吸收到 CF-树 t1 中，结束建树。

（5）提升阈值 T 的值并根据新的阈值通过 CF-树 t1 中各节点对象重建 CF-树 t2。在重建过程中，如果 t1 的叶节点对象是潜在的异类点并且磁盘仍有空间，则将该异类点写入磁盘，否则使用该对象重建树 t2。整个树 t2 建好后，重新将 t2 赋给 t1。

（6）判断此时存储潜在异类点的磁盘是否已满，如果没有满则转（2）继续扫描下一个数据点；如果磁盘已满，则将存储在磁盘中的潜在异类点重新吸收到 CF-树 t1 中，并转（2）继续扫描下一个数据点。

BIRCH 算法利用聚类特征树概括了聚类的有用信息。由于聚类特征树占用空间比原数据集合小得多，可以存放在内存中，因此在给定有限内存的情况下，BIRCH 能利用可用的资源产生较好的聚类结果。BIRCH 算法的计算复杂度是 $O(n)$，具有与对象数目呈线性关系的可伸缩性和较好的聚类质量。

7.3.2 CURE 算法

多数聚类算法在处理球形和相似大小的簇时效果较好，但在有离群点时，这些聚类算法往往表现较差。CURE 算法是由 Guha 等人在 1998 年提出的一种聚类方法，通过使用多个代表点表示一个簇，提高了算法挖掘任意形状簇的能力，较好地解决了非球形和非均匀大小簇的聚类问题。CURE 方法有两个优点：一是算法检测每层聚类的簇数量，当簇的数量达到 k 时停止创建新的簇；二是在每个簇中选择多个代表点用于计算与其他簇的距离，对数据集形状具有良好的自适应性。

由于每个簇有多个代表点，使得 CURE 能够适应非球形的几何形状。CURE 是一种自底向上的层次聚类算法，首先选择离簇中心最远的点作为第一个代表点，其余点的选择是离所有已经选取的点最远的点。这样，代表点自然地分散开来，然后就以特定的收缩因子向簇中心“收缩”或移动它们。

CURE 算法描述如下。

（1）从源数据对象中抽取一个随机样本 S。

（2）将样本 S 划分为大小基本相等的分组。

（3）对每个分组做局部聚类。

（4）通过随机取样剔除孤立点。如果一个簇增长得太慢，就去掉它。

（5）对局部的簇进行聚类。落在每个新形成的簇中的代表点根据用户定义的一个收缩因子收缩或向簇中心移动。这些点基本描述和捕捉到了簇的形状。

（6）用相应的簇标签来标记数据。

CURE 算法特点：

① 解决了偏好球形和相似大小的问题，在处理孤立点上也更加健壮。

② 采用了一种新的层次聚类算法，该算法选择了位于基于质心和基于代表对象方法之间的中间策略。

③ 不用单个质心或对象来代表一个簇，而是选择了数据空间中固定数目的具有代表性的点，能够更好地描述簇的形状。

CURE 算法的时间复杂性为 $O(n^2)$（低维数据）和 $O(n^2 \log n)$（高维数据），在处理海量数据时必须基于抽样、划分等技术。

7.3.3 ROCK 算法

ROCK 算法采用一种比较全局的观点，通过考虑成对点的邻域情况进行聚类。如果两个相似的点是近邻，那么这两个点可能属于同一个簇，因此可以合并。

近邻点：两个点 p_i 和 p_j，假设相似度函数 $\mathrm{sim}(p_i,p_j) \geqslant a$，则称两个点 p_i 和 p_j 是近邻点。其中 a 是用户指定的阈值。如果两个点是近邻，则它们很可能属于相同的簇。

两个点或两个事务 T_i 和 T_j 之间的相似度可以用 Jaccard 系数定义，公式如下：

$$\mathrm{sim}(T_i,T_j)=\frac{|T_i\cap T_j|}{|T_i\cup T_j|} \tag{7-2}$$

【例 7-3】点间相似度和近邻点信息的影响分析示例。

一家超市购买商品数据库，事务记录涉及商品分别用 W*i*（*i*=1，2，…，8）表示。分别考虑这些事务的两个簇 C_1 和 C_2。簇 C_1 包括商品{W1，W2，W3，W4，W5}，包含事务{W1，W2，W3}、{W1，W2，W4}，{W1，W2，W5}，{W1，W3，W4}，{W1，W3，W5}，{W1，W4，W5}，{W2，W3，W4}，{W2，W3，W5}，{W2，W4，W5}，{W3，W4，W5}。簇 C_2 涉及商品{W1，W2，W6，W7}，包含事务{W1，W2，W6}，{W1，W2，W7}，{W1，W6，W7}，{W2，W6，W7}。

首先考虑点之间的相似度。C_1 中事务{W1，W2，W3}和{W2，W4，W5}之间的 Jaccard 系数为 1/5=0.2。事实上，C_1 中任意一对事务之间的 Jaccard 系数都在 0.2～0.5 之间，而属于不同簇的两个事务之间的 Jaccard 系数也可能达到 0.5（如 C_1 中的{W1，W2，W3}和 C_2 中的{W1，W2，W6}或{W1，W2，W7}）。很明显，仅仅使用 Jaccard 系数，无法得到所期望的簇。

基于近邻点的方法，ROCK 算法可以很好地把这些事务划分到合适的簇中。可以看到，对于每一个事务，与之最邻近的事务总是和它处在同一个簇中。例如，令 *a*=0.5，则 C_2 中的事务{W1，W2，W6}与同样来自同一簇的事务{W1，W2，W7}之间有 5 个共同的近邻{W1，W2，W3}、{W1，W2，W4}、{W1，W2，W5}、{W1，W6，W7}和{W2，W6，W7}。而 C_2 中的事务{W1，W2，W6}与 C_1 中的事务{W1，W2，W3}之间的近邻点只有 3 个（{W1，W2，W4}，{W1，W2，W5}和{W1，W2，W7}）。同理，C_2 中的事务{W1，W6，W7}与 C_2 中其他事务之间的近邻数都是 2，而与 C_1 中所有事务的近邻数均为 0。所以这种基于近邻的方法可以正确地区分出两个不同的事务簇。

ROCK 算法的聚类过程描述如下。

（1）随机选择一个样本。

（2）在样本上用凝聚算法进行聚类，簇的合并是基于簇间的相似度，即基于来自不同簇而有相同邻居的样本数目。

（3）将其余每个数据根据其与每个簇之间的连接，判断它应归属的簇。

ROCK 算法在最坏情况下的时间复杂度为 $O(n^2 \log n)$。

7.4　基于密度的聚类算法

多数聚类算法根据距离判断对象的归属，这在数据集分布呈现凸型形状时表现很好。但是如果遇到像条带状、凹形形状、奇异形状等分布时，距离判定方法将显得有些力不从心，这时基于密度的方法就表现得较好。

基于密度的方法（density-based method），根据密度完成对象的聚类，而不是根据各种各样的距离，这是该方法与其他方法的一个根本区别。

基于密度的聚类方法的思想是，只要一个区域中的点密度大过某个阈值，就把它加到与之相近的聚类中去。代表算法有：DBSCAN（density-based spatial clustering of application with noise）算法、OPTICS（ordering points to identify the clustering structure）算法、DENCLUE（density-based clustering，基于密度的聚类）算法等。

DBSCAN：该算法通过不断生长足够高密度区域来进行聚类；它能从含有噪声的空间数据库中发现任意形状的聚类。此方法将一个聚类定义为一组“密度连接”的点集。

DBSCAN 算法的优点：可以识别具有任意形状和不同大小的簇，自动确定簇的数目，分离簇和环境噪声，一次扫描数据即可完成聚类。如果使用空间索引，DBSCAN 的计算复杂度是 $O(n\log n)$，否则计算复杂度是 $O(n^2)$。

OPTICS 算法并不产生一个显式的聚类，而是为自动交互的聚类分析计算出一个增强聚类顺序，代表了数据的基于密度的聚类结构，不需要用户提供特定密度阈值，较稠密簇中的对象在簇排序中相互靠近。簇排序可以用来提取基本的聚类信息，如簇中心或任意形状的簇，导出内在的聚类结构，也可以提供聚类的可视化。

由于 OPTICS 算法的结构与 DBSCAN 非常相似，因此两个算法具有相同的时间复杂度。如果使用空间索引，则复杂度为 $O(n\log n)$，否则为 $O(n^2)$。

DENCLUE 算法是一种基于一组密度分布函数的聚类算法。DENCLUE 使用高斯分布函数估计给定的待聚类的对象集密度函数，以密度函数的局部最大点作为密度吸引点。DENCLUE 的一个簇是一个密度吸引点的集合 X 和一个输入对象的集合 C，使得 C 中的每个对象都被分配到 X 中的一个密度吸引点，并且每对密度吸引点之间都存在一条其密度大于给定阈值的路径。通过使用被路径连接的多个密度吸引点，DENCLUE 可以发现任意形状的簇。

DENCLUE 算法的优点是抗噪声的干扰，核密度估计通过把噪声均匀地分布到输入数据，有效地降低了噪声的影响。同时，该算法因为基于概率密度分布函数，所以可以看作其他多种聚类方法（如 DBSCAN）的一般化。

7.5 一趟聚类算法

聚类算法是一种古老的数据分析方法，具有发现新知识的能力，因此备受科学家的青睐。近年来，随着互联网技术的发展和普及应用，产生了大量的数据，大数据技术已经成为研究热点。但传统的聚类算法普遍存在以下几个方面的不足。

（1）对于大规模数据集，聚类时效性和准确性难以满足要求。

（2）难以直接处理混合属性的数据。

（3）聚类结果依赖于参数，而参数的选择主要靠经验或试探，没有一个简单、通用的方法。

针对聚类算法的这些缺陷，蒋盛益教授提出了一种无监督聚类算法——一趟聚类算法。该算法具有高效、简单的特点，数据集只需要遍历一遍即可完成聚类。该算法对超球状分布的数据有良好的识别性能，对凹型数据分布识别较差。一趟聚类可以在大规模数据、二次聚类中或聚类与其他算法结合的情况下，能够发挥高效、快速的效力。

7.5.1　一趟聚类算法描述

最小距离原则的聚类算法（clustering algorithm based on minimal distance principle，CABMDP）采用摘要信息 CSI 表示一个簇，将数据集分割为半径几乎相同的超球体（簇）。具体过程如下。

（1）初始时，簇集合为空，读入数据集中一个新的对象。

（2）以这个对象构造一个新的簇。

（3）若已到数据集末尾，则转（5），否则读入新对象，利用给定的距离定义，计算它与每个已有簇间的距离，并选择最小的距离。

（4）若最小距离超过给定的半径阈值 r，转（2）；否则将该对象并入具有最小距离的簇中并更新该簇的各分类属性值的统计频度及数值属性的质心，转（3）。

（5）结束。

最小距离原则聚类算法是一种特殊的一趟聚类算法，只需要扫描数据集一次即得到聚类结果。因此，该算法的时间复杂度与数据集大小呈线性关系，与属性个数和最终的聚类个数呈近似线性关系，这使得算法具有很好的扩展性。

7.5.2　半径阈值的选择

在一趟聚类算法中，超球体的半径 r 大小将影响到聚类结果和算法的时间效率。r 越小，得到的簇个数越多，计算时间越长；反之，r 越大，聚类得到的簇越少，甚至只有一个簇；当 r=0 时，每个簇只有一个元素。也就是说，r 太大或太小都不能得到有意义、有价值的聚类结果。从聚类过程可以直观地看到，阈值 r 应大于簇内的距离而又小于簇间的距离。考虑到数据集很大的情况，一般采用抽样技术来计算阈值范围，具体如下。

（1）在数据集 D 中随机选择 m 对对象（这里 m 是一个小于 n 的正整数）。

（2）计算每对对象间的距离，形成一个数列。

（3）计算（2）中距离的平均值 EX 和标准差 DX。

（4）取 r 在 EX－0.5DX 到 EX+0.5DX 之间。（注意：不同问题可能范围不同）

大量实验结果表明，当 r 在 EX－0.25DX～EX+0.25DX 时，参数 r 的改变，对聚类结果精度影响不大，但簇的个数在一定范围内变化。在实际应用中，一般选择 r 在 EX－0.8DX～EX+DX 时合适。当 r 在适当的范围内减小时，少部分对象将由一个簇移到另一个簇。在实际使用时，根据问题的特殊要求在该范围内选取一个或多个具体值。

【例 7－4】数据集见表 7－2，其中第一行为属性。基于曼哈顿距离，使用一趟聚类算法对其进行聚类。

表 7－2　一趟聚类过程示例数据集

No.	A1	A2	A3	A4
1	good	78	86	F
2	good	88	88	T
3	middle	64	82	F

续表

No.	A1	A2	A3	A4
4	bad	70	88	F
5	bad	78	78	F
6	bad	76	74	T
7	middle	74	68	T
8	good	80	90	F
9	good	74	80	F
10	bad	80	88	F
11	good	84	72	T
12	middle	74	86	T
13	middle	82	76	F
14	bad	72	92	T

【解】首先选择半径阈值 r 的大小，计算如下：

随机选择 4 对数据，如（1，2）、（4，5）、（8，9）和（12，13），计算均值 EX 和标准差 DX 分别为：

$$EX=(13+18+16+19)/4=16.5$$

$$DX=[(13-16.5)^2+(18-16.5)^2+(16-16.5)^2+(19-16.5)^2]^{1/2}=4.15$$

因此，r 的取值范围在（16.5－0.5×4.15，16.5+0.5×4.15）之间，即区间（14.42，18.58），这里取 r=16。

（1）取第 1 条记录作为簇 C_1 的初始簇中心，其摘要信息为{good：1；78；86；F：1}。

（2）取第 2 条记录，其到簇 C_1 的距离 d=0+10+2+1=13＜r，将其归并到簇 C_1 中，簇 C_1 的摘要信息更新为{good：2；83；87；F：1，T：1}。

（3）计算第 3 条记录到簇 C_1 的距离 d=1－0/2+19+5+1－1/2=25.5＞r，以第 3 条记录构建一个新的簇 C_2，其摘要信息为 {middle：1；64；82；F：1}。

（4）计算第 4 条记录到簇 C_1 的距离 d=1－0/2+13+1+1－1/2=15.5＜r，到簇 C_2 的距离为 1－0+6+6+0=13＜r，将其归并到簇 C_2 中，簇 C_2 的摘要信息更新为{middle：1，bad：1；67；85；F：2}。

（5）读取第 5 条记录，其到簇 C_1 的距离为 1－0/2+5+9+1－1/2=15.5＜r，到簇 C_2 的距离为 1－1/2+11+7+0=18.5＞r，将第 5 条记录并入簇 C_1，簇 C_1 的摘要信息更新为{good：2，bad：1；81.33；84；F：2，T：1}。

（6）读取第 6 条记录，其到簇 C_1 的距离为 1－1/3+5.33+10+1－1/3=16.67＞r，到簇 C_2 的距离为 1－1/2+9+11+1－0/2=21.5＞r，将第 6 条记录建立新簇 C_3，簇 C_3 的摘要信息为{bad：1；76；74；T：1}。

（7）读取第 7 条记录，其到簇 C_1 的距离为 1－0/3+7.33+16+1－1/3=25＞r，到簇 C_2 的距离为 1－1/2+7+17+1－0/2=25.5＞r，到簇 C_3 的距离为 1－0+2+6+0=9＜r，所以将第 7 条记录划分到簇 C_3 中，更新簇 C_3 的摘要信息为{bad：1，middle：1；75；71；T：2}。

（8）读取第 8 条记录，其到簇 C_1 的距离为 1－2/3+1.33+6+1－2/3=8＜r，到簇 C_2 的距离为 1－0/2+13+5+1－1=19＞r，到簇 C_3 的距离为 1－0/2+5+19+1－0/2=26＞r，将第 8 条

记录划分到簇 C_1 中，簇 C_1 的摘要信息更新为{good：3，bad：1；81；85.5；F：3，T：1}。

（9）读取第 9 条记录，其到簇 C_1 的距离为 1 − 3/4+7+5.5+1 − 3/4=13＜r，到簇 C_2 的距离为 1 − 0/2+7+5+0=13＜r，到簇 C_3 的距离为 1 − 0/2+1+9+1 − 0/2=11＜r，将第 9 条记录划分到簇 C_3 中，簇 C_3 的摘要信息更新为{bad：1，middle：1，good：1；74.67；74；F：1，T：2}。

（10）读取第 10 条记录，其到簇 C_1 的距离为 1 − 1/4+1+2.5+1 − 3/4=4.5＜r，到簇 C_2 的距离为 1 − 1/2+13+3+0=16.5＞r，到簇 C_3 的距离为 1 − 1/3+5.33+14+1 − 1/3=20.67＞r，将第 10 条记录划分到簇 C_1 中，簇 C_1 的摘要信息更新为{good：3，bad：2；80.8；86；F：4，T：1}。

（11）读取第 11 条记录，其到簇 C_1 的距离为 1 − 3/5+3.2+14+1 − 1/5=18.4＞r，到簇 C_2 的距离为 1 − 0/2+17+13+1 − 1/5=31.8＞r，到簇 C_3 的距离为 1 − 1/3+9.33+2+1 − 2/3=12.33＜r，将第 11 条记录划分到簇 C_3 中，簇 C_3 的摘要信息更新为{bad：1，middle：1，good：2；77；73.5；F：1，T：3}。

（12）读取第 12 条记录，其到簇 C_1 的距离为 1 − 0/5+6.8+0+1 − 1/5=8.6＜r，到簇 C_2 的距离为 1 − 1/2+7+1+1 − 0/2=9.5＜r，到簇 C_3 的距离为 1 − 1/4+3+12.5+1 − 3/4=16.5＞r，将第 12 条记录划分到簇 C_1 中，簇 C_1 的摘要信息更新为{good：3，bad：2，middle：1；79.67；86；F：4，T：2}。

（13）读取第 13 条记录，其到簇 C_1 的距离为 1 − 1/6+2.33+10+1 − 4/6=13.5＜r，到簇 C_2 的距离为 1 − 1/2+15+9+1 − 2/2=24.5＞r，到簇 C_3 的距离为 1 − 1/4+5+2.5+1 − 1/4=9＜r，将第 13 条记录划分到簇 C_3 中，簇 C_3 的摘要信息更新为{bad：1，middle：2，good：2；78；74；F：2，T：3}。

（14）读取第 14 条记录，其到簇 C_1 的距离为 1 − 2/6+7.67+6+1 − 2/6=15＜r，到簇 C_2 的距离为 1 − 1/2+5+7+1 − 0/2=13.5＜r，到簇 C_3 的距离为 1 − 1/5+6+18+1 − 3/5=25.2＞r，将第 14 条记录划分到簇 C_2 中，簇 C_2 的摘要信息更新为{middle：1，bad：2；68.67；87.33；F：2，T：1}。

（15）全部记录处理完之后，得到 3 个簇。簇 C_1 包含的记录集合为{1，2，5，8，10，12}，摘要信息为{good：3，bad：2，middle：1；79.67；86；F：4，T：2}；簇 C_2 包含的记录集合为{3，4，14}，摘要信息为{middle：1，bad：2；68.67；87.33；F：2，T：1}；簇 C_3 包含的记录集合为{6，7，9，11，13}，摘要信息为{bad：1，middle：2，good：2；78；74；F：2，T：3}。

一趟聚类算法的优点和缺点如下。

优点：高效，参数选择简单，对噪声不敏感。

缺点：不能用于发现非凸形状的簇或具有各种不同大小的簇。

7.6　基于模型的聚类分析

基于模型的方法（model-based method）是给每一个聚类假定一个模型，然后去寻找能够更好地满足这个模型的数据集。这样一个模型可能是数据点在空间中的密度分布函数或其他函数，其潜在的一个假定就是目标数据集是由一系列的概率分布所决定的。

7.6.1 SOFM 自组织竞争算法

自组织特征映射网络（self-organizing feature map，SOFM）也称为 Kohonen 网络，是由芬兰赫尔辛基大学的神经网络专家 Teuvo Kohonen 于 1981 年提出的，现在已成为应用最为广泛的自组织神经网络方法。生物学研究的事实表明，在人脑的感觉通道上，神经元的组织原理是有序排列的。因此当人脑通过感官接受外界的特定时空信息时，大脑皮层的特定区域产生兴奋，而且类似的外界信息在对应区域是连续映象的。对于某一图形或某一频率产生的特定兴奋过程，神经元的有序排列及对外界信息的连续映象是自组织特征映射网中竞争机制的生物学基础。自组织特征映射正是根据这一思路提出来的，其特点与人脑的自组织特性相类似。Teuvo Kohonen 认为处于空间中不同区域的神经元有不同的分工，当一个神经网络接受外界输入模式时，将会分为不同的反应区域，各区域对输入模式具有不同的响应特征。这种网络模拟大脑神经系统自组织特征映射的功能，是一种竞争型神经网络，采用无监督学习算法进行网络训练，广泛地应用于样本聚类、分类、排序和样本检测等方面。

1. SOFM 网典型拓扑结构

SOFM 网共有两层，输入层神经元通过权向量将外界信息汇集到输出层的神经元。输入层的神经元数与样本维数相等，输出层为竞争网络中的竞争层。神经元的排列有多种形式，如一维线阵、二维平面阵和三维栅格阵等，常见的是一维和二维。一维是最简单的，结构特点如图 7-7（a）所示，每个竞争层的神经元之间都有侧向连接。输出按照二维平面组织，是 SOFM 网最典型的组织方式，具有类似大脑皮层的形象，输出层每个神经元同它周围的其他神经元侧向连接，排列成棋盘状平面，结构如图 7-7（b）所示。

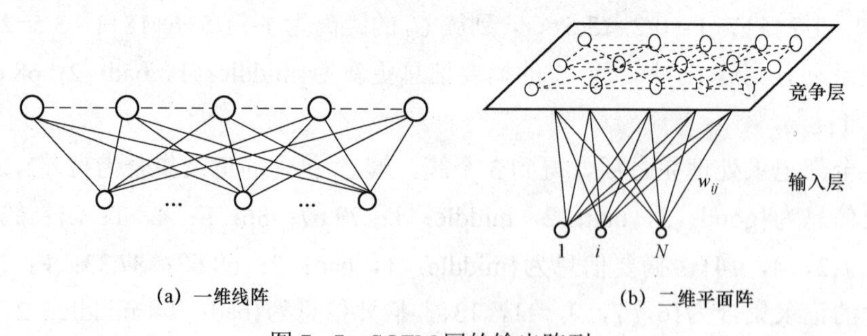

图 7-7 SOFM 网的输出阵列

输入层是一维的神经元，具有 N 个结点，竞争层的神经元处于二维平面网格结点上，构成一个二维结点矩阵，共有 M 个结点。输入层与竞争层的神经元之间都通过连接权值进行连接，竞争层临近的结点之间也存在局部的互联。SOFM 网络中具有两种类型的权值，一种是神经元对外部输入的连接权值，另一种是神经元之间的互连权值，它的大小控制着神经元之间相互作用的强弱。在 SOFM 网络中，竞争层又是输出层。SOFM 网络通过引入网格形成了自组织特征映射的输出空间，并且在各个神经元之间建立了拓扑连接关系。神经元之间的联系是由它们在网格上的位置所决定的，这种联系模拟了人脑中的神经元之

间的侧抑制功能，成为网络实现竞争的基础。

2. SOFM 网原理与学习算法

自组织特征映射神经网络运行原理如下。

SOFM 网的运行分训练和工作两个阶段。在训练阶段，对网络随机输入训练集中的样本，对某个特定的输入模式，输出层会有某个神经元产生最大响应而获胜。在训练开始阶段，输出层哪个位置的神经元将对哪类输入模式产生最大响应是不确定的。当输入模式的类别改变时，二维平面的获胜神经元也会改变。获胜神经元周围的神经元因侧向相互兴奋作用产生较大响应，于是获胜神经元及其优胜邻域内的所有神经元所连接的权向量均向输入向量的方向作程度不同的调整，调整力度依邻域内各神经元距获胜神经元的远近而逐渐衰减。网络通过自组织方式，用大量训练样本调整网络的权值，最后使输出层各神经元成为特定模式类敏感的神经细胞，对应的内星权向量成为各输入模式类的中心向量。并且当两个模式类的特征接近时，代表这两类的神经元在位置上也接近。从而在输出层形成能够反映样本模式类分布情况的有序特征图。

SOFM 网训练结束后，输出层各神经元与各输入模式类的特定关系就完全确定了，因此可用作模式分类器。当输入一个模式时，网络输出层代表该模式类的特定神经元将产生最大响应，从而将该输入自动归类。应当指出的是，当向网络输入的模式不属于网络训练时见过的任何模式类时，SOFM 网只能将它归入最接近的模式类。

对应于上述运行原理的学习算法称为 Kohonen 算法，步骤如下。

（1）初始化。对输出层各权向量赋值一个小于 1 的小随机数 $W_{ij}(0)$，i=1，2，…，N，j=1，2，…，M，定义拓扑邻域函数，学习率 η 赋给一个初始值。

（2）接受输入。从训练集中随机选取一个输入模式 X 并作归一化处理，得到 X^k，k={1，2，…，p}，p 是样本集数量。

（3）寻找获胜神经元。计算输入模式 X^k 与内星权向量 $\boldsymbol{W}_j$ 的点积，从中选出点积最大的获胜神经元。

（4）确定优胜邻域。以获胜神经元为中心确定 t 时刻的权值调整域，一般初始邻域 $N_{j^*}(0)$较大，在训练过程中邻域随着训练时间逐渐收缩。邻域收缩示意图如图 7－8 所示。

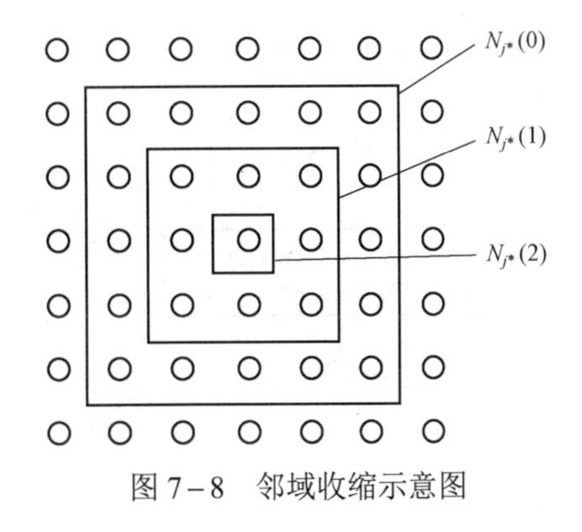

图 7－8　邻域收缩示意图

（5）调整权值。对优胜邻域内所有神经元调整权值，如式（7－3）所示：

$$W_{ij}(t+1)=W_{ij}(t)+\eta(t,L)\left[x_i^p-W_{ij}(t)\right]\quad i=1,2,\cdots,n\ \ j=1,2,\cdots,m \tag{7-3}$$

式中，$\eta(t,L)$是训练时间 t 和邻域内第 j 个神经元与获胜神经元 j^*之间的拓扑距离 L 的函数，该函数一般有以下规律：

$$t\uparrow\ \rightarrow\ \eta\downarrow,\ L\uparrow\ \rightarrow\ \eta\downarrow$$

很多函数都能满足以上性质，例如，可构造以下函数公式（7-4）：

$$\eta(t,L)=\eta(t)\mathrm{e}^{-L} \tag{7-4}$$

$\eta(t)$可采用 t 的单调下降函数，如图 7-9 所示，这种随着时间单调下降的函数称为退火函数。

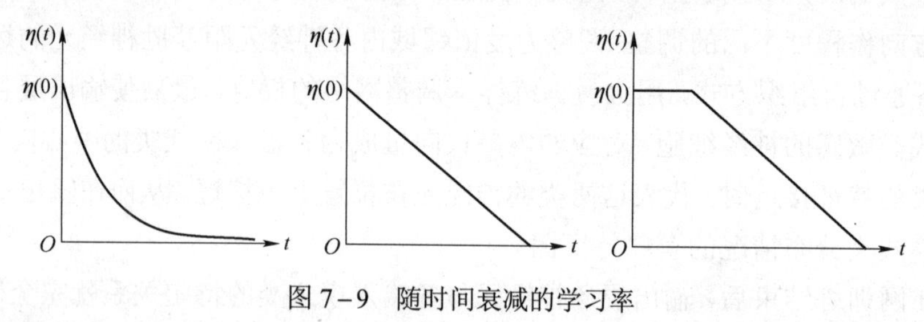

图 7-9　随时间衰减的学习率

（6）结束检查。SOFM 网的训练不存在类似 BP 网中输出误差概念，因为是非监督学习，训练何时结束以学习率 $\eta(t)$是否衰减到 0 或某个预定的正小数 ε 为条件，不满足结束条件则回到步骤（2）。

完整的 Kohonen 学习算法程序流程图如图 7-10 所示。

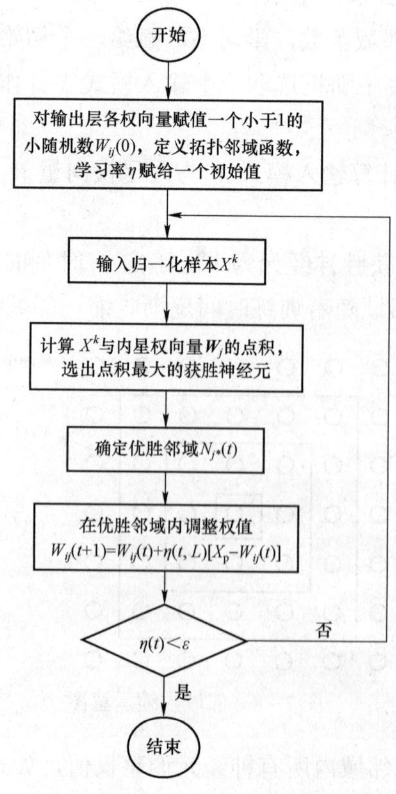

图 7-10　Kohonen 学习算法程序流程图

3. SOFM 网权值调整函数

SOFM 网采用的学习算法称为 Kohonen 算法，是在胜者为王算法基础上加以改进而成的，其主要的区别在于调整权向量与侧抑制的方式不同。在胜者为王学习规则中，只有竞争获胜神经元才能调整权向量，其他任何神经元都无权调整权向量，因此它对周围所有神经元的抑制是“封杀”式的。而在 Kohonen 学习算法中，不仅获胜神经元本身要调整权向量，它周围的神经元在其影响下也要程度不同地调整权向量，有点“一人得道鸡犬升天”的意味。这种调整可用图 7－11 所示的 4 种函数表示，其中图 7－11（b）中的函数曲线是由图 7－11（a）中的两个正态曲线组合而成的。

在图 7－11 中，分图（b）～（d）的 3 类函数沿中心轴旋转后可形成形状似帽子的空间曲面，按顺序分别为墨西哥帽函数、大礼帽函数和厨师帽函数。墨西哥帽函数是 Kohonen 提出的，它表明获胜神经元有最大的权值调整量，邻近的神经元有稍小的调整量，离获胜神经元距离越大，权的调整量越小，直到某一距离 R 时，权值调整量为 0；当距离再远一些时，权值调整量略负，更远时又回到 0。墨西哥帽函数表现出的特点与生物系统的十分相似，但计算上的复杂性影响了网络训练的收敛性。因此，在 SOFM 网络中常使用与墨西哥帽函数类似的简化函数，如大礼帽函数和进一步简化后的厨师帽函数。以获胜神经元为中心设定一个邻域半径，该半径圈定的范围称为优胜邻域。在 SOFM 网学习算法中，优胜邻域内所有神经元均按其离获胜神经元的距离远近而不同程度地调整权值。优胜邻域开始定得很大，但其大小随着训练次数的增加不断收缩，最终收缩到半径为零。

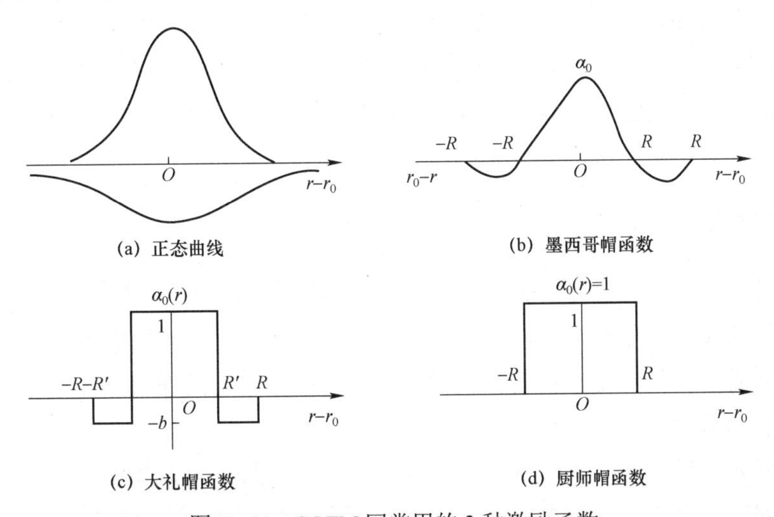

图 7－11　SOFM 网常用的 3 种激励函数

7.6.2　最大期望值算法

期望最大化（expectation maximization，EM）算法是一种流行的迭代求精算法。EM 不是把每个对象都指派到特定的簇，而是根据一个代表隶属概率的权重将每个对象指派到簇中。EM 首先对混合模型的参数进行初始估计，然后反复地根据参数向量产生的混合密度对每个对象重新打分，新对象又用来更新参数估计。

算法描述如下。

（1）对参数向量作初始估计，包括随机选择 k 个对象代表簇的均值或中心，并估计其他的参数。

（2）按以下两个步骤反复求精参数（或簇）。

① 求取期望步：计算每个对象指派到簇中的概率，也就是对每簇计算对象的簇隶属概率。

② 最大化步：利用①得到的概率重新估计（或求精）模型参数。这一步是对给定数据的分布似然“最大化”。

EM 算法比较简单，容易实现，具有较快的收敛效率，但是可能达不到全局最优。对于一些特定的优化函数，其收敛性可以保证。EM 算法的计算复杂度与输入属性数目、对象个数和迭代次数具有线性关系。

7.7 聚类算法评价

聚类分析是一类重要的数据分析方法，对于科学发现、知识发现等具有很重要的意义。如果在一个完全随机的数据集上盲目地进行聚类，得到一些簇的划分，又有什么意义呢？因为要找随机数据集中那些非随机的数据，从而发现新的知识，也就是蕴藏在随机数据集中的有意义的知识。如何评价一个聚类结果是否合理？抑或者说，一个聚类算法怎么才算是优秀呢？众所周知，一个优秀的聚类算法应该是得到的簇具有簇内高相似度和簇间低相似度的特征，这是检验一个聚类算法是否优秀的最根本的标准。有两种评估聚类结果质量的方法：内部质量评价准则（internal quality measure）和外部质量评价准则（external quality measure）。

7.7.1 内部质量评价准则

内部质量评价方法又称作无监督评价方法，是利用数据集的固有特征和量值来评价一个聚类算法的结果，适合于数据集的结构未知的数据集。通过计算簇内部平均相似度、簇间平均相似度或整体相似度来评价聚类效果，这类指标常用的包括 DB 指标、Dunn 指标、I 指标、CH 指标和 Xie-Beni 指标等。

假设具有 n 个对象的数据集 $X=\{x_1, x_2, \cdots, x_n\}$ 被聚类为 k 个簇 $\{C_1, C_2, \cdots, C_k\}$，每个簇中的对象个数为 n_j，$j=1, 2, \cdots, k$。$\|\cdot\|$ 表示数据集规模度量，u_{ij} 表示对象 x_i 属于簇 C_j 的隶属度。

1. CH 指标

CH 指标，全称是 Calinski-Harabasz 指标，定义公式如下：

$$V_{\mathrm{CH}}(k)=\frac{\mathrm{trace}B/(k-1)}{\mathrm{trace}W/(n-k)} \tag{7-5}$$

其中 $\mathrm{trace}B=\sum_{j=1}^{k}n_j\|z_j-z\|^2$，$\mathrm{trace}W=\sum_{j=1}^{k}\sum_{x_i\in C_j}\|x_i-z_j\|^2$，$z$ 是整个数据集的均值，z_j

是第 j 个簇 C_j 的均值。CH 指标计算簇间距离和簇内距离的比值，CH 值越大，聚类效果越好。

2. I 指标

I 指标定义公式如下：

$$V_{\mathrm{I}}(k)=\left(\frac{E_1\times Z}{k\times E_K}\right)^p=\left(\frac{1}{k}\times\frac{E_1}{E_K}\times Z\right)^p \tag{7-6}$$

其中 $Z=\max\limits_{i,j}\|z_i-z_j\|$，$E_k=\sum\limits_{j=1}^{k}\sum\limits_{i=1}^{n}u_{ij}\|x_i-z_j\|$，$p$ 是常数，用来调整不同的簇结构，一般取 2。使聚类有效性函数 $V_{\mathrm{I}}(k)$最大的 k 值，就是最优的簇个数。

3. Xie-Beni 指标

Xie-Beni 指标定义公式如下：

$$V_{\mathrm{XB}}(k)=\frac{\sum\limits_{j=1}^{k}\sum\limits_{i=1}^{n}u_{ij}{}^2\|x_i-z_j\|}{n\times\min\limits_{i,j}\left\{\|z_i-z_j\|^2\right\}} \tag{7-7}$$

使聚类有效性函数 $V_{\mathrm{XB}}(k)$最小的 k 值，就是最优的簇个数。

4. DB 指标

DB 指标，即 Davies-Bouldin 指标，定义公式如下：

$$V_{\mathrm{DB}}(k)=\frac{\sum\limits_{i=1}^{k}\max\limits_{j,j\neq i}\left\{\frac{D_i+D_j}{d_{ij}}\right\}}{k} \tag{7-8}$$

其中 $D_i=\frac{1}{n_i}\sum\limits_{x\in C_i}\|x-z_i\|$是簇 C_i 的对象之间的紧密程度的度量，$d_{ij}=\|z_i-z_j\|$是簇 C_i 和簇 C_j 的对象之间的分散程度的度量。DB 指标实际上是关于同一类中对象的紧密程度与不同簇之间对象分散程度的一个函数。从几何学的角度看，使簇内对象间距最小而簇间对象距离最大的分类应该是最佳的分类结果。因此，使 DB 最小化的类别数 k 被认为是最优类别数。

5. Dunn 指标

设 S 和 T 是非空数据集，S 的直径 dia(S)、S 与 T 之间的距离 dis(S,T)分别定义如下：

$$\mathrm{dia}(S)=\max_{x,y\in S}\{d(x,y)\} \tag{7-9}$$

$$\mathrm{dis}(S,T)=\min_{x\in S,y\in T}\{d(x,y)\} \tag{7-10}$$

式中，$d(x,y)$表示两个对象之间的距离。

Dunn 指标定义如下：

$$V_D(k)=\min_{1\leqslant i\leqslant c}\left\{\min_{\substack{1\leqslant j\leqslant c\\ j\neq i}}\left\{\frac{\mathrm{dis}(C_i,C_j)}{\max\limits_{1\leqslant l\leqslant k}\{\mathrm{dia}(C_l)\}}\right\}\right\} \tag{7-11}$$

使 $V_D(k)$取值最大的类别数 k，即为最佳类别数。

从几何角度看，Dunn 指标与 DB 指标的基本原理类似，都是适应于处理簇内对象分布紧密、而簇间对象分布分散的数据集合。

6. 轮廓系数法

轮廓系数（silhouette coefficient）是由 Kaufman 等人提出的一种用来评价算法聚类质量的有效性指标。该指标结合了凝聚度和分离度，不仅用以评价聚类质量，还可用来获取最佳聚类数。

样本点的轮廓系数定义公式如下：

$$S_i = \frac{b_i - a_i}{\max\{a_i, b_i\}} \tag{7-12}$$

式中：

S_i——第 i 样本点的轮廓系数；

a_i——样本点 i 到其所属簇中所有其他点的平均距离；

b_i——样本点 i 到其所不在的其他簇中的所有点的最小距离。

S_i是介于［-1，1］之间的数值，接近-1 则说明样本点 i 更应该分类到另外的簇，接近 0 则说明样本 i 在两个簇的边界附近，越趋近于 1 则聚类效果越优。

所有点的轮廓系数求平均得到最终的平均轮廓系数。对于现有的分类数，求取轮廓系数的最大值 S_k，与之对应的 k 值就是最佳聚类数。

有学者对这些有效性函数的性能做了对比研究，结果表明，I 指标与 CH 指标的效果相对较好。

7.7.2 外部质量控制准则

1. 聚类熵

考虑簇中不同类别数据的分布，Boley 提出采用聚类熵（cluster entropy）的概念作为外部质量的评价准则。设聚类有 m 个簇，对于某个簇 C_i，聚类熵 $E(C_i)$定义公式如下：

$$E(C_i) = -\sum_j \frac{n(T_j, C_i)}{n_i} \log \frac{n(T_j, C_i)}{n_i} \tag{7-13}$$

式中：

n_i——簇 C_i 的对象个数，也就是规模；

$n(T_j,C_i)$——簇 C_i 中属于类别 T_j 的对象个数。

整体聚类熵定义为所有聚类熵的加权平均值，公式如下：

$$E = \sum_{i=1}^{m} \frac{n(C_i)}{n} E(C_i) \tag{7-14}$$

可以看出，聚类熵越小，聚类效果越好。

2. 聚类精度

聚类精度是指同一簇中有多少个其他对象与该对象同属一个类别。基本出发点是使用

簇中数目最多的类别作为该簇的类别标记。对于簇 C_i，聚类精度 $\varphi(C_i)$定义公式如下：

$$\varphi(C_i)=\frac{1}{n(C_i)}\max_j\left\{n\left(T_j,C_i\right)\right\} \tag{7-15}$$

整体聚类精度 φ 定义为所有聚类精度的加权平均值，定义公式如下：

$$\varphi=\sum_{i=1}^{k}\frac{n(C_i)}{n}\varphi(C_i)=\frac{\sum_{i=1}^{k}\max_j\left\{n\left(T_j,C_i\right)\right\}}{n} \tag{7-16}$$

$1-\varphi$ 定义为相对聚类错误率，聚类精度 φ 大或聚类错误率 $1-\varphi$ 小，说明聚类算法将不同类别的记录较好地聚集到了不同的簇中。

7.8　利用 *k*-means++算法划分地震区域

地震作为一种破坏力极强的自然灾害，给生活在地震带周边的生命带来危险。世界上绝大多数地震发生在地震活动构造带或断裂带。大量震例研究表明，地震前有多种前兆的监测数据出现异常，甚至严重偏移正常值，因此通过分析前兆数据监测地震是目前地震研究的一个重要途径。中国地震台网中心是负责地震观测的部门，不仅保存地震前兆监测数据，还有全球地震目录信息，为地震工作者提供研究数据源（访问网址：http：//data.earthquake.cn/）。

为说明 *k*-means++算法在地震区域划分中的应用，选择某区域多个地震监测台站的监测数据，包括地磁、形变、地下流体 3 个类别的前兆数据，共计 11 个测项的小时观测数据作为研究对象，见表 7－3。时间范围：2015 年 1 月 1 日 0 时至 2018 年 12 月 31 日 24 时，总计 4 年。观测数据总量约为 11 测项×4 年×365 天×24 小时=385 440 条，其中缺值 1 173 条，无效值 692 条。地震目录（包含时间、地点和震级）数据筛选出 4 年内 Ms≥2 的地震记录，总计 6 533 条记录。

表 7－3　多通道前兆观测数据表（部分）

序号	台站	测点	测向
1	观测台站 1	地磁变化记录点	垂直分量
2	观测台站 1	地磁变化记录点	磁偏角
3	观测台站 1	地磁变化记录点	水平分量
4	观测台站 2	井水位、井水温观测点	动水位
5	观测台站 3	连续重力观测点	重力潮汐变化
6	观测台站 4	水平摆倾斜观测点	北南分量
7	观测台站 4	水平摆倾斜观测点	东西分量
8	观测台站 4	水管倾斜观测点	东西分量
9	观测台站 4	水管倾斜观测点	北南分量

续表

序号	台站	测点	测向
10	观测台站 5	分量钻孔应变观测点	东西分量
11	观测台站 5	分量钻孔应变观测点	北南分量

7.8.1 数据预处理

由于 *k*-means++算法对数据的输入格式有严格的要求，所以需要对原始数据进行预处理。

因为仪器和场地干扰缘故，前兆观测数据有时出现缺值或无效值。对于连续的缺值或无效值，可以直接舍弃；对于非连续的缺值或无效值，需要通过插值算法进行填补，以便最大程度上利用观测数据。插值算法有很多种，这里直接用最简单的线性插值即可。

7.8.2 划分预测地震区域

由于研究区域过大，需要划分为几个不同的区块，以缩小地震预测区域的大小，这需要利用 *k*-means++聚类算法完成。

k-means++算法的思想很简单，按照给定样本之间的距离 *d*，将样本划分为 *k* 个簇，使得簇内的点距离尽量小，簇间的点距离尽可能大。通过拐肘法计算，确定 *k*=6。

算法如下。

（1）随机地在数据集中选择一个初始聚类中心。

（2）分别计算每个样本到最近聚类中心的距离，并计算每个样本被选为下一个聚类中心的概率，使用轮盘赌法选出下一个聚类中心，直到选取 *k* 个聚类中心结束。

（3）针对每个样本，计算该样本到 *k* 个区块聚类中心的距离并将其分到距离最小的聚类中心所对应的区块中。

（4）重新计算每个区块的聚类中心。

（5）重复（3）、（4），直到得到聚类中心不发生变化为止。*k*-means++聚类流程图如图 7－12 所示。

使用 *k*-means++聚类方法，将上述地震目录数据按照经纬度进行聚类，结果如图 7－13 所示。图中的黑色实线为断层，可以看出，使用聚类划分后的区域基本符合按照断层密集分布特点。

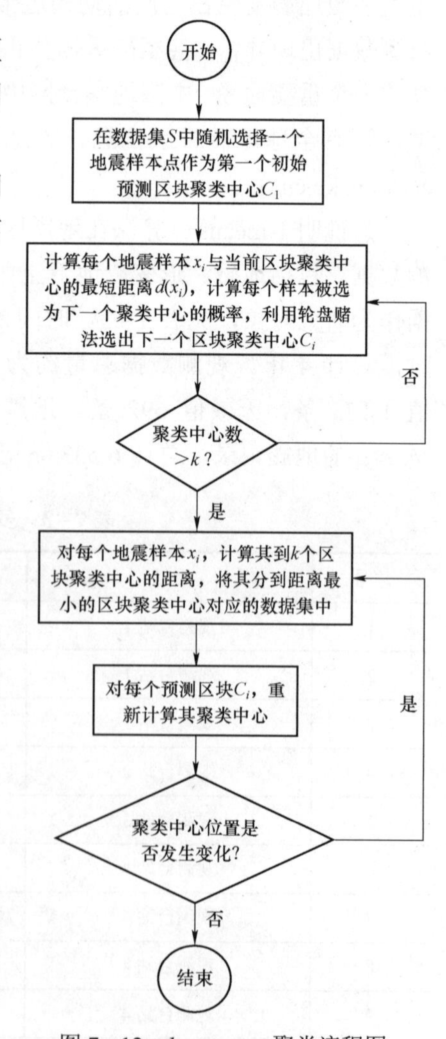

图 7－12　*k*-means++聚类流程图

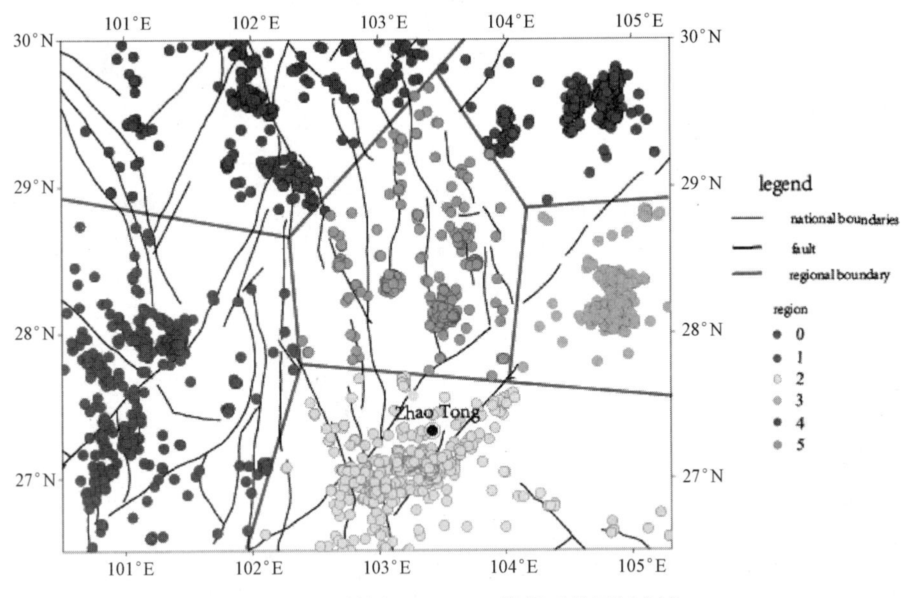

图 7－13　使用 *k*-means++聚类后的区域划分

7.9　利用 SOFM 算法划分空间电场扰动数据

在地震的孕育过程中，产生的电磁效应通过 LAI（岩石圈—大气层—电离层）耦合机制导致震中上空的电离层出现异常变化（称作扰动）。通过对地震监测卫星记录的数据，可以将这些异常变化分析出来，为地震监测预报提供理论支持。因此，利用卫星观测电离层扰动是地震监测研究中最具前景的方向之一。

7.9.1　数据提取

为研究 SOFM 网算法在地震引起空间电场扰动现象，以 Demeter 卫星采集的空间电场数据为研究对象。Demeter 卫星是法国政府在 2004 年发射的一颗专门用于地震监测的卫星。在工作期间，Demeter 卫星记录了大量的空间电场信息，为地震引起空间电场扰动研究提供了丰富的数据资料。这次研究提取了空间电场中的 ULF 频段电场信号，以均值（mean value）、均方差（mean square error）、偏度（skewness）和峰度（kurtosis）作为数据特征。均方差反映数据内部个体间的离散程度，偏度是统计数据分布偏斜方向和程度的度量，是统计数据分布非对称程度的数字特征，而峰度表征概率密度分布曲线在平均值处峰值高低的特征数，具体公式如下。

设数据序列为 $x(i)$，i=1，2，…，n，则数据序列的均值公式如下：

$$\text{mean} = \frac{1}{n}\sum_{i=1}^{n} x_i \qquad (7-17)$$

均方差公式如下：

$$\mathrm{std}=\left(\frac{1}{n}\sum_{i=1}^{n}(x_i-\overline{x})^2\right)^{\frac{1}{2}} \tag{7-18}$$

偏度计算公式如下：

$$\mathrm{skewness}=\frac{\frac{1}{n}\sum_{i=1}^{n}(x_i-\overline{x})^3}{\left(\sqrt{\frac{1}{n}\sum_{i=1}^{n}(x_i-\overline{x})^2}\right)^3} \tag{7-19}$$

峰度计算公式如下：

$$\mathrm{kurtosis}=\frac{\frac{1}{n}\sum_{i=1}^{n}(x_i-\overline{x})^4}{\left(\frac{1}{n}\sum_{i=1}^{n}(x_i-\overline{x})^2\right)^2} \tag{7-20}$$

提取某一时间段的 ULF 电场数据的 Ez 分量，以 256 个数看成一组，共提取 4 086 组，计算每组数据的 4 个特征值，结果如图 7-14 所示。

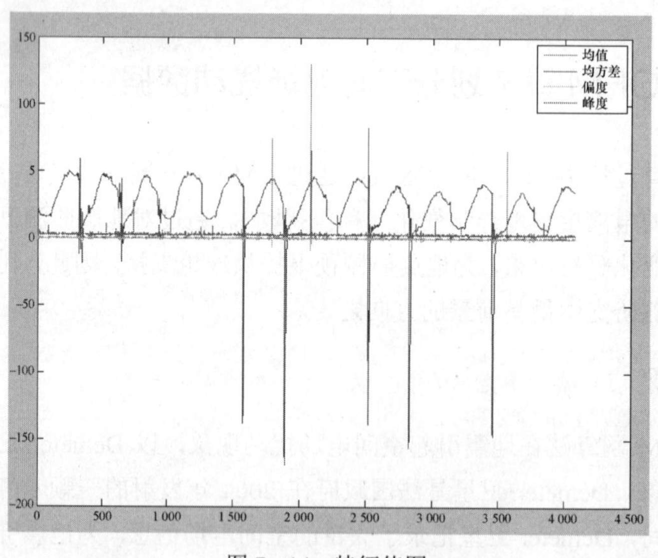

图 7-14　特征值图

从图 7-14 中可以看出，均值、均方差和峰度的数据变化范围较大，但在偏度方面变化较小，说明数据相对平衡。

7.9.2　SOFM 网设计

1. 输入层设计

对于自组织映射神经网络 SOFM 的输入层，其结点数的确定要根据样本的输入特征向量个数来确定，即输入层的结点个数等于样本的输入特征向量的维数。电场信号属于随机信号，因此提取海量电场数据的均值、均方差、偏度和峰度作为 SOFM 神经网络的输入特征向量，所以网络的输入层结点数为 4。

2. 输出层设计

输出层的设计涉及两个问题：一个是结点数的设计，另一个是结点排列的设计。结点数与训练集样本有多少模式类有关，如果结点数少于模式类数，则不足以区分全部的模式类，训练的结果势必将相近的模式类合并为一类，这种情况相当于对输入样本进行“粗分”。如果结点数多于模式类数，一种可能是将类别分得过细，而另一种可能是出现“死结点”，即在训练过程中，某个结点从未胜过或远离其他获胜结点，因此它们的权向量从未得到过调整。

为了尽量避免以上两个问题的发生，经过多次试验对比，将输出层结构设计为：4×1。

3. 权值初始化

SOFM 网的权值一般初始化为较小的随机数，如［－1，1］之间的随机数，这样能够使权向量充分分散在样本空间。

4. 优胜邻域的设计

优胜邻域的设计原则是使邻域不断缩小，这样输出平面上的相邻神经元对应的权向量之间既有区别又有相当的相似性，从而保证当获胜结点对某一类模式产生最大响应时，其临近结点也能产生较大响应。优胜邻域的大小用邻域半径 $r(t)$表示，计算公式如下：

$$r(t)=C_1\left(1-\frac{t}{t_m}\right) \tag{7-21}$$

式中：

C_1——与输出层结点数 m 有关的正常数；

t_m——预先选定的最大训练次数。

5. 学习率设计

学习率是影响权值调整的重要因素，因此 SOFM 网络设计时学习率的设计也十分重要。$\eta(t)$是网络在时刻 t 时的学习率，在训练开始时 $\eta(t)$可以取值较大，之后以较快的速度下降，这样有利于很快捕捉到输入向量的大致结构。然后 $\eta(t)$又在较小的值上缓降至 0 值，这样可以精细地调整权值使之符合输入空间的样本分布结构。一般地，$\eta(t)$采用单调下降函数，计算公式如下：

$$\eta(t)=C_2\left(1-\frac{t}{t_m}\right) \tag{7-22}$$

式中：

C_2——0～1 的常数。

7.9.3　数据聚类结果分析

对 4 086 组数据分别进行均值、均方差、偏度、峰度操作处理完成后的数据作为 SOFM 神经网络输入层，设置输出层网络拓扑结构为 4×1，设置学习率为 0.05，训练次数设置为 5 000 次，得到基于 SOFM 网络的聚类模型。经计算，Ez 分量聚类结果为第 1 类有 467 个数据，第 2 类有 3 513 个数据，第 3 类有 24 个数据，第 4 类有 82 个数据，如图 7－15 所示。

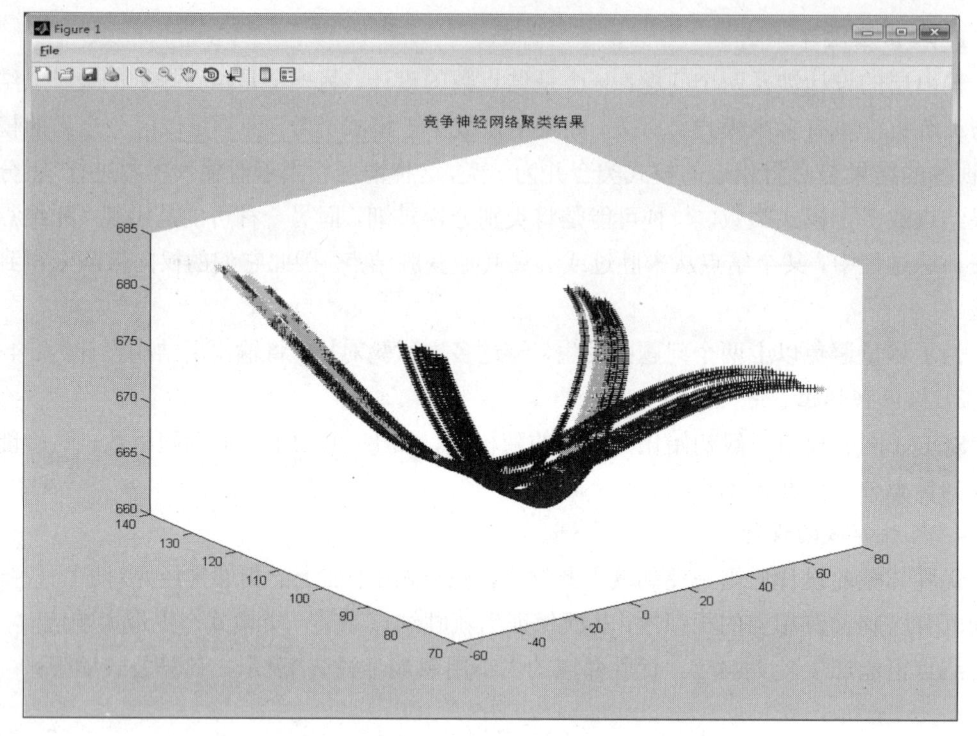

图 7－15　Ez 聚类结果

在图 7－15 中，坐标－60～80 表示南纬 60°至北纬 80°，70～140 表示东经 70°至东经 140°，660～685 表示卫星高度（单位：km）。从图中可以看出，电场 Ez 分量的第 1 类和第 2 类共有 3 980 组数据，占总数据量的 97.4%，可以认为是正常状态数据，其余部分为异常数据，占 2.6%，符合实际情况。

7.10　本章小结

本章主要介绍了聚类分析的概念、基本算法等。聚类算法主要介绍了基于划分的、基于层次的、基于密度的、基于模型的聚类分析法和一趟聚类算法等，给出了聚类算法评价准则。基于划分的方法包括 *k*-means 算法、*k*-means++聚类算法、二分 *k*-means 聚类算法等；基于层次的方法包括 BIRCH 算法、CURE 算法、ROCK 算法等；基于密度的算法主要介绍了 DBSCAN 算法；基于模型的聚类算法主要介绍了自组织特征映射网络算法、最大期望值算法等。以两个具体实例分别介绍了 *k*-means++算法和 SOFM 算法的应用。

习　题

（1）什么是聚类？它与分类有什么异同？

（2）请描述 *k*-means 算法思想，并指出其缺点。

（3）举例说明聚类分析的典型应用。

（4）聚类分析中常见的数据类型有哪些？

（5）数据集见下表：

	A1	A2	A3	B1	B2	B3	B4	C1	C2	C3
x	1	9	7	5	9	6	2	7	2	8
y	2	5	9	8	2	9	4	7	1	3

以 A1、B1、C1 为初始簇中心，利用曼哈顿距离的 k-means 算法计算：

① 第一次循环后的 3 个簇中心；

② 最后的 3 个簇中心，以及各簇包含的对象。（需要有计算步骤）

第 8 章

异类数据挖掘

在现实生活中经常发现有很多数据偏离大部分数据，让人怀疑这些偏离数据的产生机理，可能来源于一种完全不同的机制。Hawkins 给出了异类的本质性的定义：“异类就是在数据集中与众不同的数据，使人怀疑这些数据并非随机偏差，而是产生于完全不同的机制。”本书前面讨论的聚类分析、分类和预测、关联分析等数据挖掘方法是一些常规模式的、能够发现适用于大部分数据的知识挖掘算法，因此在采用这些方法时，异类数据通常被作为噪声而被“预处理”掉了。许多数据挖掘算法试图降低或消除异常数据的影响，但在地震预测、网络安全、金融风险等应用领域，识别异类数据的模式比挖掘正常数据的模式显得更有价值，甚至于有时就是要探寻隐藏在异类数据中的“秘密”，这就需要异类挖掘。

8.1 概述

在某些特定应用领域，异类数据的识别是许多工作的基础和前提，是一种稀有事件或异常行为。所以，异类数据挖掘往往具有特殊的意义和实用价值。例如，人的年龄为负值很可能是由于误操作造成的，也可能是由于数据本身的异常造成的。再如，一个大型公司的纳税额和销售额都远远高于小微企业而在数据集中成为一个异类。对于用户来说，后者显然要比前者更有意义。如在金融保险行业，用户欺诈行为是一种稀有事件，需要工作人员认真检查数据，以免发生不可预见的严重后果；在地震预测领域，异类数据挖掘已成为一个重要的研究方向，有越来越多的地震工作者从事这方面的研究。其实人类社会的各种自然灾害、生产安全问题等都属于稀有事件，均可以利用异类数据挖掘进行处理。因此，在目前“大防灾、大安全、大应急”状态下，异类数据挖掘正逐步成为一种有用的工具，已经引来越来越多的学者、从业者进行研究和利用，以达到监测或预测、预警灾害事件发生的目的。

由于异类数据产生的机制不确定，因此挖掘算法“挖”出的异类数据是否是真的异常行为，就需要有关专家加以解释。作为数据挖掘技术应用，下面仅讨论有关挖掘算法。

8.2　基于统计的方法

统计方法是最基本的异类数据发现算法，也是最简单、最常用的方法。传统的数理统计法，包括若干种概率分布模型，可以据此对相关数据集进行拟合，如果与模型不一致或分布不符合预期，则这类数据被认为是异类数据。因此基于统计方法的异类数据挖掘，依赖于统计模型，如均值或方差分布、高斯模型、泊松模型等。

高斯分布模型，也称作正态分布，是最常用的数据分布模型。正态分布以 $N(\mu, \sigma^2)$ 表示，其中μ表示均值，σ^2 表示方差。当$\mu=0$、$\sigma=1$ 时称作标准正态分布，其概率密度函数如图 8－1 所示。

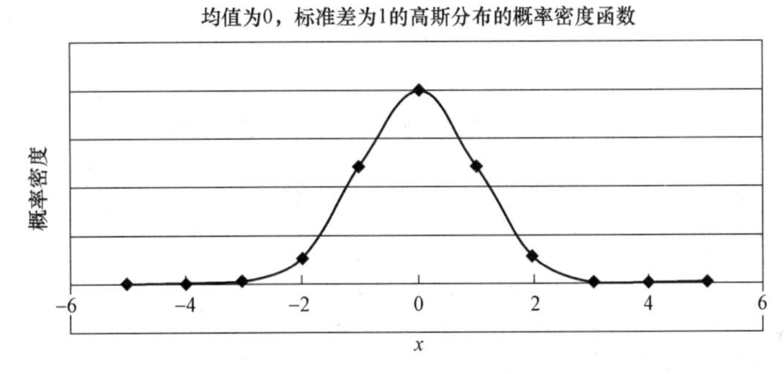

图 8－1 标准正态分布 $N(0,1)$的概率密度函数

从图 8－1 中可以看出，数据出现在两边的机会很小。例如，数据落在$\pm3\sigma$的中心区域以外的概率仅有 0.002 7。对于属性值 x 和一个给定的正数 C，则$|x|\geqslant C$ 的概率随 C 增加而迅速减小。设 $a=P(|x|\geqslant C)$，表 8－1 是 C 值和概率值 a 的对应表。

表 8－1　标准正态分布 $N(0,1)$ 的 C 值和概率值 a 对应表

C	a
1	0.317 3
1.5	0.133 6
2	0.045 5
2.5	0.012 4
3	0.002 7
3.5	0.000 5
4	0.000 1

【定义 8－1】设属性 x 服从标准正态分布 $N(0,1)$，如果 x 满足：$P(|x|\geqslant C)=a$，则属性 x 以概率 $1-a$ 为异类点。这里 C 是某个给定常数。

实际上正态分布可以通过一个简单变换转为标准正态分布。通常情况下，精确的均值

μ和方差σ是不太容易获得的，如大数据集，但可以通过样本的均值和标准差进行估计。在实践中，当观测值很多时，这种估计的效果很好。根据概率论中的大数定律可知，在大样本数据集下可以用正态分布进行估计，这在实际工作中应用非常广泛。例如，质量控制线如图 8-2 所示，中心线是观测值的预测值，$\mu\pm3\sigma$对应上、下控制线，$\mu\pm2\sigma$对应上、下警告线。因此以3σ为控制线，那么 99.73%的数据落在$\mu\pm3\sigma$区间内，仅 0.27%的数据在此区间以外。

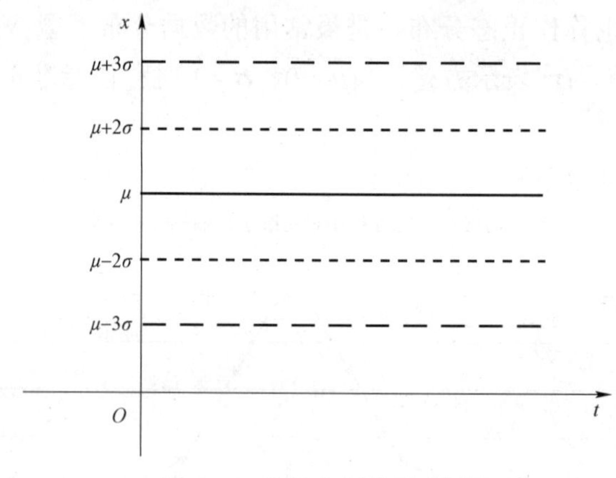

图 8-2　质量控制线示意图

基于统计方法的异类数据挖掘算法具有坚实的数学理论基础，实际应用非常广泛。但统计方法也存在一些不足，主要表现在以下几个方面。

（1）尽管实际应用中很多数据可以用一些概率统计模型（如高斯分布、泊松分布或二项式分布）来描述，但也存在若干数据分布未知，甚至于不能用单一标准的分布来拟合。

（2）统计方法需要已知数据集的分布特征及参数知识，但在许多情况下，数据分布特征是未知的。因此利用统计方法难以保证异类数据的寻找，而且要确定采用哪种分布模型能够更好地拟合数据集，代价也非常大。

（3）统计方法主要面向低维数据集，如一维数据，对于高维数据集，该方法就有些力不从心了。

（4）统计方法不适应混合类型的数据集，如多媒体数据集等。

8.3　基于距离的方法

基于距离的方法思想直观、简单，如果一些数据远离大部分数据点，则认为是异类数据点。基于距离的方法有很多变种，下面以 k-最近邻距离方法来判定异类数据。

【定义 8-2】对于正整数 k，对象 p 的 k-最近邻距离 k-distance(p)定义为：

（1）除 p 外，至少有 k 个对象 q 满足 distance(p,q)＜＝k-distance(p)。

（2）除 p 外，至多有 $k-1$ 个对象 q 满足 distance(p,q)＜k-distance(p)。

一个对象的 k-最近邻的距离越大，越可能远离大部分数据，因此可以将对象的 k-最近邻距离看作异类程度（或异类数据点分值），称为异类因子 OF（outlier factor）。

【定义 8－3】 点 x 的异类因子定义为：

$$\mathrm{OF1}(x,k)=\frac{\sum_{y\in N(x,k)}\mathrm{distance}(x,y)}{|N(x,k)|} \quad (8-1)$$

这里 $N(x,k)$ 是不包含 x 的 k-最近邻的集合，$N(x,k)=\{y|\mathrm{distance}(x,y)\leqslant k\text{-}\mathrm{distance}(x)\}$，$|N(x,k)|$ 是该集合的大小。

基于距离的异类数据点挖掘算法如下：

```
算法：基于距离的异类数据点挖掘算法
输入：数据集 D；最近邻个数 k
输出：异类数据点列表
for all 数据 x do
    确定 x 的最近邻集合 N(x,k)
    确定 x 的异类因子 OF1(x,k)
end for
对 OF1(x,k)降序排列，确定异类因子大的若干对象
return
```

需要注意：x 的 k-最近邻的集 $N(x,k)$ 包含的数据个数可能超过 k。

那么如何选择合适的异类因子阈值以区分正常值和异类值呢？这可以有很多种方法，如拐肘法（elbow method）、轮廓系数法（silhouette coefficient，SC）及 CH 指标判别法（calinski-harabaz，CH）等。

拐肘法的原理是计算不同 k 值聚类的误差平方和（sum of squared error，SSE），将 SSE 作为目标函数表示簇内数据的聚合程度，见公式（8－2）。

$$\mathrm{SSE}=\sum_{i=1}^{k}\sum_{x_j\in P}(x_j-c_i)^2 \quad (8-2)$$

其中，SSE 代表聚类个数为 k 时的平均畸变程度，c_i 为簇中心，x_j 为样本，P 为样本集，计算每个簇内样本点与簇中心点聚类的聚类平方之和。画出 SSE 和 k 相关的肘部曲线来寻找最佳 k 值。

随着 k 值的不断增大，样本被划分得更加细致，每个簇的簇中心与簇内样本点的差值的平方和即平均畸变程度会减小，簇内数据的聚合程度会逐渐提高。当 k 值增大到真实聚类数时，即使再继续增大，k 值也不会让簇内数据的聚合程度有明显变化，SSE 曲线会呈现大幅度的下降状态，变化会逐渐趋于平缓。SSE 随着 k 值增大而下降的曲线图会逐渐平缓，最终呈现出手肘的形状，而肘部拐点所对应的 k 值就是最佳聚类数。因此，找到减少程度最大的 SSE，再找到所对应的 k 值就可以找到最佳聚类数，如图 8－3 所示。

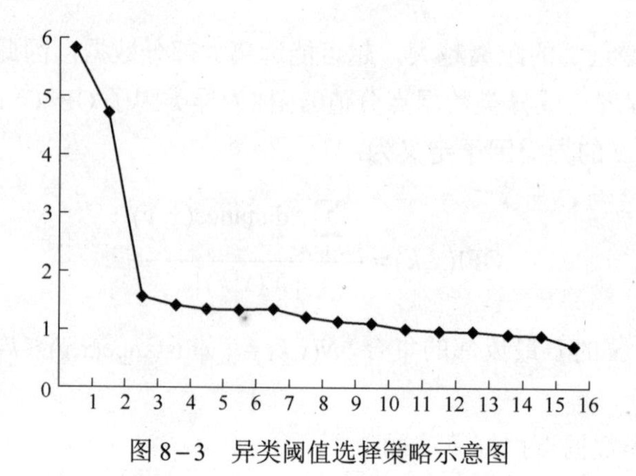

图 8-3　异类阈值选择策略示意图

【例 8-1】有一个二维数据集如图 8-4 所示，利用定义 8-3，采用曼哈顿距离和 $k=2$，求 P1、P2、P3、P4 的异类因子。

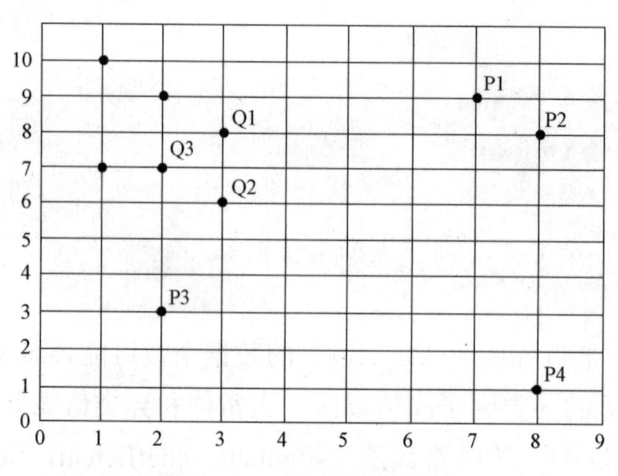

图 8-4　二维数据分布图

【解】对于 P1 点，$k=2$ 时的最近邻点为 P2(8,8)，Q1(3,8)，distance(P1,P2)与 distance(P1,Q1)分别为 2 和 5。平均距离为：

$$\text{OF1}(\text{P1},2)=\frac{\text{distance}(\text{P1},\text{P2})+\text{distance}(\text{P1},\text{Q1})}{2}=\frac{2+5}{2}=3.5$$

对于 P2 点，最近邻的点为 P1 和 Q1，因此有：

$$\text{OF1}(\text{P2},2)=\frac{\text{distance}(\text{P2},\text{P1})+\text{distance}(\text{P2},\text{Q1})}{2}=\frac{2+5}{2}=3.5$$

对于 P3 点，最近邻的点为 Q2 和 Q3，因此有：

$$\text{OF1}(\text{P3},2)=\frac{\text{distance}(\text{P3},\text{Q2})+\text{distance}(\text{P3},\text{Q3})}{2}=\frac{4+4}{2}=4$$

对于 P4 点，最近邻的点为 P2 和 P3，因此有：

$$\text{OF1}(\text{P4},2)=\frac{\text{distance}(\text{P4},\text{P2})+\text{distance}(\text{P4},\text{P3})}{2}=\frac{7+8}{2}=7.5$$

基于距离的异类点挖掘方法简单明了，不足之处有以下几点。

（1）挖掘结果对参数选择较敏感，如果 k 太小（如 $k=1$），则少量的邻近异类点可能

导致较低的异类程度；如果 k 太大，则点数少于 k 时，有较多的点被划分为异类点。尚没有一种简单而有效的方法来确定合适的 k。虽然可以通过观察不同的 k 值，然后取最大异类程度来处理该问题，然而仍然需要选择这些值的上下界。

（2）时间复杂度为 $O(n^2)$，难以用于大规模数据集，这里 n 为数据集的规模。

（3）需要有关异类因子阈值或数据集中异类点个数的先验知识，在实际使用中有时由于先验知识的不足会造成一定的困难。

（4）因为它使用全局阈值，不能处理不同密度区域的数据集。

8.4 基于相对密度的方法

基于统计的与基于距离的方法都是属于全局一致的算法，但在处理具有不同密度区域的数据集时显得不适应，而实践中的数据集往往分布是不均匀的。当数据集由不同密度子集混合而成时，全局方法将不再适合。一个数据是否为异类数据不仅取决于它与周围数据的距离大小，而且与邻域内的密度状况有关。一个数据点的邻域密度可以用包含固定数据点个数的邻域半径或指定半径邻域中包含的数据点数来描述，因而产生了两类不同的基于密度的异类挖掘方法。

一个数据点是局部异类的，是指该数据点相对于其邻域，特别是相对于邻域密度，是远离的。局部异类依赖于数据点相对于其邻域的孤立情况，一般来说，异类数据点应该在低密度区域中。

【定义 8-4】局部邻域密度定义公式如下：

$$\text{density}(x,k)=\left(\frac{\sum_{y\in N(x,k)}\text{distance}(x,y)}{|N(x,k)|}\right)^{-1} \tag{8-3}$$

相对密度定义公式如下：

$$\text{relative density}(x,k)=\frac{\sum_{y\in N(x,k)}\text{density}(y,k)/|N(x,k)|}{\text{density}(x,k)} \tag{8-4}$$

这里，$N(x,k)$是包含 x 的 k-最近邻的集合，$|N(x,k)|$是该集合的大小。

基于相对密度的异类数据点挖掘方法，是通过对数据点的密度与其邻域中的点平均密度的比较来实现异类数据点挖掘的。具体如下：

首先，对于指定的邻近个数 k，计算局部邻域密度 density(x,k)、数据点的近邻平均密度和相对密度。一个数据集由多个自然簇构成，在簇内靠近核心点的对象，其相对密度接近于 1，而处于簇的边缘或是簇的外面的对象点的相对密度就比较大。x 的相对密度表明了 x 是否在它的近邻更稠密或更稀疏的邻域内，以相对密度作为 x 的异类因子，即 OF2(x,k) = relative density(x,k)，其值越大，越可能是异类点。

基于相对密度的异类点挖掘算法如下：

算法：基于相对密度的异类数据点挖掘算法

输入：数据集 D；最近邻个数 k

```
输出：异类数据点列表
1：for all 数据点 x do
2：      确定 x 的 k-最近邻集合 N(x,k)
3：      使用 x 的最近邻，确定 x 的局部邻域密度 density(x,k)
4：end for
5：for all 数据点 x do
6：      确定 x 的相对密度 relative density(x,k)，并赋值给 OF2(x,k)。
7：end for
8：对 OF2(x,k)降序排列，确定异类因子大的若干数据点
9：return
```

异类因子阈值的确定方法也可以利用拐肘法、轮廓系数法、CH 指标判别法等实现。

利用密度方法在挖掘具有不同密度分布的异类点数据时，要比距离方法性能更好。

【例 8-2】有数据集如图 8-5 所示，$k=5$，采用曼哈顿距离计算，利用相对密度法计算 P13、P14 哪个点更可能是异类点？

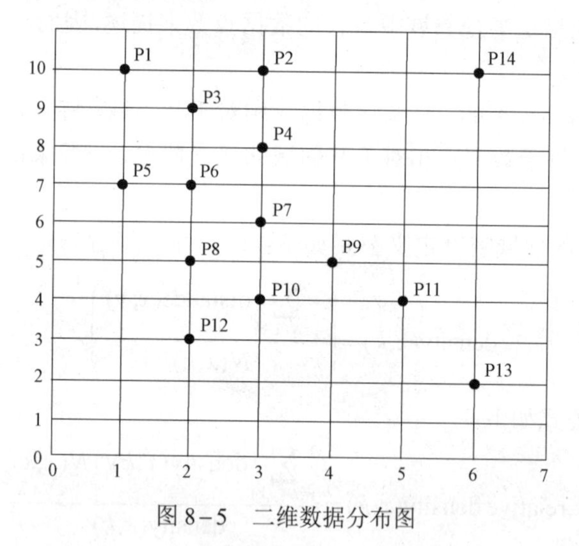

图 8-5　二维数据分布图

【解】首先分析点 P13，$k=5$ 时的最近邻域包含 4 个对象：$N(\mathrm{P13},5)=\{\mathrm{P9},\mathrm{P10},\mathrm{P11},\mathrm{P12}\}$，则 P13 的密度为：

$$\mathrm{density}(\mathrm{P13},5)=\left(\frac{\sum\limits_{y\in N(\mathrm{P13},5)}\mathrm{distance}(\mathrm{P13},y)}{|N(\mathrm{P13},5)|}\right)^{-1}=\left(\frac{5+5+3+5}{4}\right)^{-1}=0.222\ 2$$

对于 P9，5-最近邻域包括 9 个对象，具体如下：

$$N(\mathrm{P9},5)=\{\mathrm{P4},\mathrm{P5},\mathrm{P6},\mathrm{P7},\mathrm{P8},\mathrm{P10},\mathrm{P11},\mathrm{P12},\mathrm{P13}\}$$

则 P9 的密度为：

$$\mathrm{density}(\mathrm{P9},5)=\left(\frac{\sum\limits_{y\in N(\mathrm{P9},5)}\mathrm{distance}(\mathrm{P9},y)}{|N(\mathrm{P9},5)|}\right)^{-1}=\left(\frac{4+5+4+2+2+2+2+4+5}{9}\right)^{-1}=0.3$$

对于 P10，5-最近邻域包括 9 个对象，如下：

$N(\text{P10},5)=\{\text{P4,P5,P6,P7,P8,P9,P11,P12,P13}\}$，则 P10 的密度为：

$$\text{density}(\text{P10},5)=\left(\frac{\sum_{y\in N(\text{P10},5)}\text{distance}(\text{P10},y)}{|N(\text{P10},5)|}\right)^{-1}=\left(\frac{4+5+4+2+2+2+2+2+5}{9}\right)^{-1}=0.321\,4$$

对于 P11，5-最近邻域包括 6 个对象，如下：

$N(\text{P11},5)=\{\text{P7,P8,P9,P10,P12,P13}\}$，则 P11 的密度为：

$$\text{density}(\text{P11},5)=\left(\frac{\sum_{y\in N(\text{P11},5)}\text{distance}(\text{P11},y)}{|N(\text{P11},5)|}\right)^{-1}=\left(\frac{4+4+2+2+4+3}{6}\right)^{-1}=0.315\,8$$

对于 P12，5-最近邻域包括 8 个对象，如下：

$N(\text{P12},5)=\{\text{P5,P6,P7,P8,P9,P10,P11,P13}\}$，则 P12 的密度为：

$$\text{density}(\text{P12},5)=\left(\frac{\sum_{y\in N(\text{P12},5)}\text{distance}(\text{P12},y)}{|N(\text{P12},5)|}\right)^{-1}=\left(\frac{5+4+4+2+4+2+4+5}{8}\right)^{-1}=0.266\,7$$

于是，P13 的异类因子为：

$$\text{OF2}(\text{P13})=\text{relative density}(\text{P13},5)=\frac{(0.3+0.321\,4+0.315\,8+0.266\,7)/4}{0.222\,2}=1.354\,5$$

下面分析 P14，$k=5$ 时的最近邻域包含 3 个对象：

$N(\text{P14},5)=\{\text{P2,P3,P4}\}$，则：

$$\text{density}(\text{P14},5)=\left(\frac{\sum_{y\in N(\text{P14},5)}\text{distance}(\text{P14},y)}{|N(\text{P14},5)|}\right)^{-1}=\left(\frac{3+5+5}{3}\right)^{-1}=0.230\,8$$

$N(\text{P2},5)=\{\text{P1,P3,P4,P5,P6,P7,P14}\}$，则：

$$\text{density}(\text{P2},5)=\left(\frac{\sum_{y\in N(\text{P2},5)}\text{distance}(\text{P2},y)}{|N(\text{P2},5)|}\right)^{-1}=\left(\frac{2+2+2+5+4+4+3}{7}\right)^{-1}=0.318\,2$$

$N(\text{P3},5)=\{\text{P1,P2,P4,P5,P6,P7,P8,P14}\}$，则：

$$\text{density}(\text{P3},5)=\left(\frac{\sum_{y\in N(\text{P3},5)}\text{distance}(\text{P3},y)}{|N(\text{P3},5)|}\right)^{-1}=\left(\frac{2+2+2+3+2+4+4+3}{8}\right)^{-1}=0.363\,6$$

$N(\text{P4},5)=\{\text{P1,P2,P3,P5,P6,P7,P8,P9,P10,P14}\}$，则：

$$\text{density}(\text{P4},5)=\left(\frac{\sum_{y\in N(\text{P4},5)}\text{distance}(\text{P4},y)}{|N(\text{P4},5)|}\right)^{-1}=\left(\frac{4+2+2+3+2+2+4+4+4+3}{10}\right)^{-1}=0.333\,3$$

于是，P14 的异类因子为：

$$\text{OF2}(\text{P14})=\text{relative density}(\text{P14},5)=\frac{(0.318\,2+0.363\,6+0.333\,3)/3}{0.230\,8}=1.466\,1$$

由于 OF2(P13)＜OF2(P14)，因此相对于点 P13，点 P14 更可能是异类点。

8.5 基于聚类的方法

根据前面的介绍，聚类分析能够发现强相关的数据簇，而异类挖掘可以将远离集群的数据挖掘出来。可见，聚类分析可应用于异类挖掘。有些聚类算法，如 DBSCAN、BIRCH、ROCK 等具有一定的异类数据挖掘能力，但聚类分析的主要目标是挖掘有意义的簇，而不是挖掘异类数据。这些算法在预处理时通常将异类数据作为噪声而忽略，忽视异类数据的挖掘结果。

与相对密度方法相类似，基于聚类的异类挖掘方法也要考虑数据的局部特性，通过计算怀疑对象与已知簇的距离或相似度而产生的“异类因子”，确定该对象的偏离程度。这就需要利用一些算法将已知数据集的对象划分为若干簇，然后再计算异类因子，确定异类点。

基于聚类的异类挖掘方法可以分为静态数据的异类挖掘和动态数据的异类挖掘。静态数据的异类挖掘多用于离线数据分析，如税务稽查、灾害预测建模等；而动态数据的异类挖掘多用于实时性高的数据处理问题中，如在线的入侵检测、实时灾害监测与预警等。

静态数据的异类挖掘可以分为两步，具体如下。

（1）划分阶段，将数据集聚类划分为不相交的簇。

（2）计算对象或簇的异类因子，将异类因子大的对象或簇中对象判定为异类数据点。

动态数据的异类点挖掘也可以分为两步，具体如下。

（1）首先建立模型，利用静态数据的异类挖掘方法建立异类挖掘模型。

（2）其次，利用模型计算新对象的相似程度，从而挖掘异类点。

基于聚类的异类挖掘方法需要解决的关键问题是异类程度的度量算法。

8.5.1 基于对象的异类因子方法

该方法的思路是：对所有对象进行聚类，然后评估对象属于簇的远近程度，如果一个对象不强属于任何簇，则称该对象为基于聚类的异类点。对于基于模型的聚类，可以用对象到它的簇中心的距离来度量对象属于簇的程度。

【定义 8-5】假设数据集 S 被聚类算法划分为 k 个簇 $C=\{C_1,C_2,\cdots,C_k\}$，异类因子定义如下：

$$\mathrm{OF3}(p)=\sum_{j=1}^{k}\frac{|C_j|}{|S|}\cdot d(p,C_j) \tag{8-5}$$

可以看出，这个因子的定义是对象 p 与所有簇间距离的加权平均值。异类对象是在数据集中偏离大部分对象的对象，而异类因子度量了该对象偏离整个数据集的程度。OF3 说明对象 p 偏离整个数据集的程度，值越大，说明 p 偏离整体越远，异类程度越高。根据概率理论的大数定理，在大样本情况下，可以将 OF3(p)近似地看成服从正态分布。

下面介绍一种基于聚类的两阶段的异类点挖掘方法（two-stage outlier detection，TOD），

描述如下。

第一阶段：对数据集 S 采用一趟聚类算法进行聚类，得到聚类结果 $S=\{C_1,C_2,\cdots,C_k\}$。

第二阶段：计算数据集 S 中所有对象 p 的异类因子 OF3(p)及其平均值 Ave_OF3 和标准差 Dev_OF3，满足条件：OF3(p)≥Ave_OF3 + a × Dev_OF3（1≤a≤2）的对象判定为异类点。a 的值根据实际情况确定。

TOD 算法需要两次扫描数据集和一次聚类结果，时间复杂度与数据集规模呈线性关系，与属性个数呈近似线性关系，算法具有较好的扩展性。

8.5.2 基于簇的异类因子方法

在现实中，有些异常对象集中在一起，具有自己的性质，与正常簇存在明显的差别，形成异类簇，但这些异类簇有时很重要。

【定义 8－6】给定簇 C，其摘要信息 CSI 定义为：CSI = {kind,n,Cluster,Sum)，其中 kind 为簇的类别（取值'normal'或'outlier'），n 为簇 C 的规模，Cluster 为簇 C 中对象标识的集合，Sum 由分类属性中不同取值的频度信息和数值型属性的质心两部分构成，即：

$$\text{Sum}=\{<\text{Stat}_i,\text{Cen}>\big|\text{Stat}_i=\{(a,\text{Freq}_{C|D_i}(a))\big|a\in S_i\},1\leqslant i\leqslant m_C,\text{Cen}=(c_{m_C+1},c_{m_C+2},\cdots,c_{m_C+m_N})\}$$

【定义 8－7】假设数据集 S 被聚类算法划分为 k 个簇 $S=\{C_1,C_2,\cdots,C_k\}$，簇 C_i 的异类因子 OF4(C_i)定义为簇 C_i 与其他所有簇间距离的加权平均值：

$$\text{OF4}(C_i)=\sum_{j=1,j\neq i}^{k}\frac{|C_j|}{|S|}\cdot d(C_i,C_j) \tag{8-6}$$

如果一个簇离几个大簇的距离都比较远，则表明该簇偏离整体较远，其异类因子也较大。OF4(C_i)度量了簇 C_i 偏离整个数据集的程度，其值越大，说明 C_i 偏离整体越远。

异类对象是在数据集中偏离大部分对象的对象，而簇的异类因子可以度量一个簇偏离整个数据集的程度，因此将异类因子大的簇看成异类簇，其中的所有对象都看成异类对象。根据基于对象的聚类方法，可以得到一种基于聚类的异类簇挖掘方法（clustering- based outlier detection，CBOD）。该方法分两步：第一步为聚类，利用一趟聚类算法对数据集进行聚类；第二步确定异类簇。具体描述如下。

第一步：聚类。首先计算聚类半径 r，利用一趟聚类算法对数据集 S 进行聚类，得到聚类结果 $S=\{C_1,C_2,\cdots,C_k\}$。

第二步：对于给定的一个很小的正数ε（一般小于 0.1），确定异类簇。计算每个簇 C_i（1≤i≤k）的异类因子 OF4(C_i)，并按递减的顺序排列，获得一个下标最小的 b 值，满足下式：

$$\frac{\sum_{i=1}^{b}|C_i|}{|S|}\geqslant\varepsilon(0<\varepsilon<1) \tag{8-7}$$

然后将簇 $C_1,C_2,\cdots,C_b$ 标识为异类簇，簇中的每个对象均看成异类对象，而将 C_{b+1}, $C_{b+2},\cdots,C_k$ 标识为正常簇。

8.5.3 基于聚类的动态数据异类点检测方法

在实际工作中，多数情况下是动态变化的，因此动态数据挖掘更显得重要和有价值。下面介绍一种动态数据的异类挖掘方法，其基本思想是：首先选择训练样本，并进行聚类，然后按照簇的异类因子大小对簇作排序，按一定比例对簇加标签 normal 或 outlier，以有标签的簇作为分类模型，按照对象与分类模型中最接近簇的距离来判断它是否为异类点。该方法由 3 部分组成，具体描述如下。

1. 建立模型

（1）从历史数据中随机选择 n 条作为训练样本集 S_1，计算聚类半径 r，采用一趟聚类算法对训练集进行聚类，得到具有 k 个簇的聚类结果 $S_1=\{C_1,C_2,\cdots,C_k\}$。

（2）计算每个簇的异类因子 OF4(C_i)，并按递减顺序排列 C_i（$1\leqslant i\leqslant k$），对于给定的一个很小的正数 ε（一般小于 0.1），得到一个最小的正整数 b，满足下式：

$$\frac{\sum_{i=1}^{b}|C_i|}{|S_1|}\geqslant\varepsilon \tag{8-8}$$

将簇 $C_1,C_2,\cdots,C_b$ 标识为异类簇，而将 $C_{b+1},C_{b+2},\cdots,C_k$ 标识为正常簇。

（3）确定模型，以每个簇的摘要信息、聚类半径阈值 r 作为分类模型。

2. 评价模型

在历史记录中选择属于不同簇的 m 个样本作为测试样本集 S_2（不与训练样本重合），利用改进的最近邻分类算法（improved nearest neighbor，INN）评价测试集 S_2 中的每个对象。

INN 算法描述如下。

考虑到模型中簇的外溢效应，定义一个正数 d，使得簇的半径范围增加 d，得到一个扩展簇。对于测试集 S_2 中的对象 p，计算 p 与每个簇的距离 $d(p,C_i)$。若 $\min_i\{d(p,C_i)\}=d(p,C_{i0})\leqslant d$，则将 p 归属簇 C_{i0}，表明 p 是已知类型的对象，将簇 C_{i0} 的类别标识作为 p 的类别标识；否则表明 p 是一种新对象，将 p 标识为可疑对象——候选异类对象。

计算 m 个测试样本中正确的分类占比情况。如果准确率达到提前给定阈值（如 0.85），则认为所建模型是合适的，利用此模型对新对象进行处理；否则需要返回，重新建立模型。

3. 更新模型

由于数据具有动态性，随着时间不断产生新的数据，原有的聚类模型可能已经不适合，因此需要及时更新聚类模型。选择更大的数据规模 n 和训练样本集 S_1、测试样本集 S_2，重复步骤 1、2，更新聚类模型，达到动态聚类的目的。

基于聚类的异类挖掘算法，只需要扫描数据集若干次，效率较高，适用于大规模数据集。

8.6 基于物元模型的异类数据挖掘

可拓学是研究事物的可拓性和可拓规律与方法的科学，运用定性和定量的方法处理问题，由我国的数学工作者蔡文教授于 1983 年提出。

8.6.1 物元理论与可拓集

假定给定事物的名称 N，其关于特征 A 的量值为 V，则有序三元组：$R=(N,A,V)$是一个事物的基本元素，称为物元。N、A、V 称为物元的三要素，N 代表事物，A 是事物的特征，V 是事物 N 关于特征 A 所取的量值。

一个事物可以有多个特征。假设事物 N 具有 n 个特征 $A_1,A_2,\cdots,A_n$，相应的量值为 $V_1,V_2,\cdots,V_n$，则 n 维物元表示为：

$$R=\begin{bmatrix} N, & A_1, & V_1 \\ & A_2, & V_2 \\ & \vdots & \vdots \\ & A_n, & V_n \end{bmatrix}=\begin{bmatrix} R_1 \\ R_2 \\ \vdots \\ R_n \end{bmatrix} \tag{8-9}$$

其中的 $R_i=(N,A_i,V_i)$（$i=1,2,\cdots,n$）称为 R 的分物元，其中：

$$A=\begin{bmatrix} A_1 \\ A_2 \\ \vdots \\ A_n \end{bmatrix},\qquad V=\begin{bmatrix} V_1 \\ V_2 \\ \vdots \\ V_n \end{bmatrix} \tag{8-10}$$

分别称物元 R 的特征向量（属性向量）和对应的量值。

物元是一个很重要的概念，它把事物、特征、量值放在一起考虑，使人们在处理问题时既要考虑量，也要考虑质。

设 U 为论域，若对 U 中的任一元素 $u\in U$，都有一个实数 $K(u)\in(-\infty,+\infty)$ 与之对应，则称 $\tilde{A}=\{(u,y)\,|\,u\in U,y=K(u)\in(-\infty,+\infty)\}$ 为论域 U 上的一个可拓集合，其中 $y=K(u)$ 为 $\tilde{A}$ 的关联函数，$K(u)$ 为 u 关于 $\tilde{A}$ 的关联度。

事物在经过可拓变换后，可以从不行变为可行，但这种变化不是说将不可行的事物都变为可行，因此必定存在一个临界，因此有以下定义：

称 $A=\{R\,|\,R\in W,K(R)>0\}$ 为 $\tilde{A}$ 的纯正域，称为经典域；

称 $\underset{\cdot}{A}=\{R\,|\,R\in W,-1<K(R)<0\}$ 为 $\tilde{A}$ 的可拓域；

称 $\dot{A}=\{R\,|\,R\in W,K(R)<-1\}$ 为 $\tilde{A}$ 的非域；

称 $J_0=\{R\,|\,R\in W,K(R)=0\}$ 为 A 的零界；

称 $J_1=\{R\,|\,R\in W,K(R)=-1\}$ 为 A 的拓界；

将经典域与可拓域的并集称作节域。

8.6.2 关联函数

在可拓学理论中，解决实际问题需要关联函数，是事物变化的显式描述。

1. 简单关联函数

设 $X=<a,b>$，$M\in X$，函数：

$$k(x)=\begin{cases}(x-a)/(M-a) & x\leqslant M \\ (b-x)/(b-M) & x>M\end{cases} \tag{8-11}$$

称为简单关联函数。其图形如图 8－6 所示。

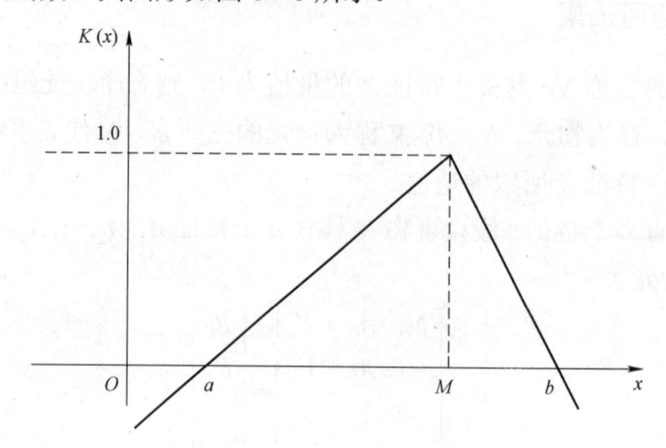

图 8－6　简单关联函数图形

其中 $X=<a, b>$是经典域。

2. *初等关联函数*

假设经典域 $X_0=<a, b>$，节域 $X=<c, d>$，$X_0 \subset X$ 且无公共端点。

公式：

$$\rho(x,<a,b>)=|x-(a+b)/2|-(b-a)/2 \tag{8-12}$$

称为点 x 到区间$<a, b>$的距。

公式：

$$D(x,X_0,X)=\begin{cases}-1 & x\in<a,b> \\ \rho(x,X)-\rho(x,X_0) & 其他\end{cases} \tag{8-13}$$

称为点 x 关于区间 X_0 和 X 的位值。

公式：

$$k(x)=\begin{cases}\rho(x,X_0)/D(x,X_0,X) & D(x,X_0,X)\neq 0 \\ -\rho(x,X_0)-1 & D(x,X_0,X)=0\end{cases} \tag{8-14}$$

称 $k(x)$ 为 x 关于区间 X_0 和 X 的初等关联函数。

初等关联函数的图形如图 8－7 所示。

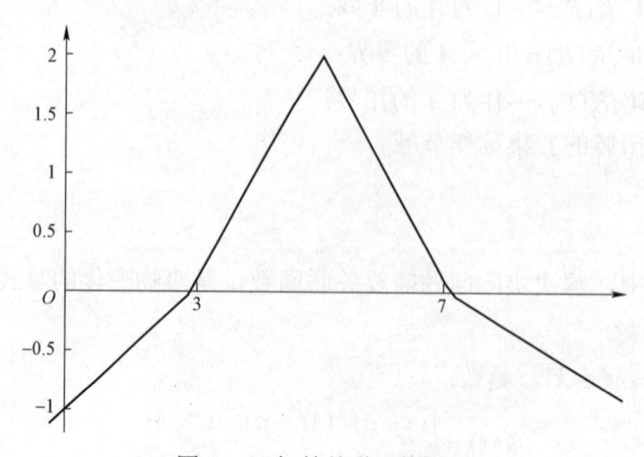

图 8－7　初等关联函数图形

关于 a，b，c，d 的确定如下。

初等关联函数中需要确定 4 个端点的数据，即 a、b、c、d，一般有 3 种确定方法，具体如下。

（1）根据专业知识或技术标准确定。

（2）根据实验数据或历史资料或前人科研成果等确定。

（3）当无法根据（1）、（2）确定 4 个值时，可利用"2－8"统计规律法确定这 4 个参数，这种方法在新兴学科和前沿领域应用较多。例如，以制定某地区学生体重的参考标准为例，对 10 000 名 12 岁男生的体重值确定 4 个参数。

第一步：先按体重的大小排序。

第二步：在数据表中除去总数 1%（100 名）最重的记录和总数 1%（100 名）最轻的记录，这作为过胖和过瘦的类别。

第三步：把剩下的 9 800 名学生体重的范围记为 $X=\langle c, d\rangle$，作为拓展域。

第四步：取 1 001～9 000 名（占总数的 80%）的体重值范围记作 $X_0=\langle a, b\rangle$，作为经典域。

这样确定的 4 个参数值，可以利用初等关联函数计算任一学生的体重符合要求的程度。

8.6.3　可拓数据挖掘

可拓数据挖掘是可拓学和数据挖掘结合的产物，包括可拓分类知识、可拓传导知识等可拓知识，利用关联函数对信息元进行定量计算。信息的组合与分解是对信息的进一步处理和优化，通过这些方法可以挖掘存在于信息中的规律性知识。也就是说，定性和定量相结合是可拓数据挖掘的基本原则，为此提出了最大关联度算法进行可拓数据挖掘。

1. 可拓数据挖掘步骤

假设 n 维物元 $R=(N, A, V)$，$A=(A_1, A_2,\cdots, A_n)$，$V=(V_1,V_2,\cdots,V_n)$，可拓数据挖掘基本步骤如下。

（1）确定物元属性的经典域和节域。根据物元理论，对于物元的每个属性都有一个经典域和节域，分别以 X_0 和 X 表示。

（2）计算每个属性的单关联度。针对每个属性 A_i 的量值 $V_i(i=1,2,\cdots,n)$，通过关联度函数计算单属性关联度 G_i，其中 $i=1,2,\cdots,n$。关联度函数的计算公式主要有两种：简单关联函数公式见式（8－11），初等关联函数公式见式（8－14）。

（3）确定每个属性的权重。计算综合关联度，首先需要确定每个属性在样本集中的权重系数。计算权重系数的方法有很多，如专家打分法、层次分析法、概率统计法等。在下文介绍层次分析法计算权重系数。假设经过某种方法得到的权系数为 $\alpha=\{\alpha_1,\alpha_2,\cdots,\alpha_n\}$，则 $\sum_{i=1}^{n}\alpha_i=1$。

（4）计算样本的总关联度。通过对每个属性的关联度进行加权求和，得到一个样本的综合关联度 G：

$$G=\sum_{i=1}^{n}\alpha_i G_i \tag{8-15}$$

综合关联度也称总关联度，反映了各个属性在事件发生中的整体表现。总关联度越大，说明该样本数据对事件发生影响越大或受影响越大，反之就越小。

2. *层次分析法求权值*

层次分析法（analytic hierarchy process，AHP）是由美国运筹学家 T. L. Saaty 在 20 世纪 70 年代提出的一种新的系统分析法，是一种最优化的技术方法，为分析由相互关联、相互制约的众多因素构成的复杂系统问题提供了简便而实用的决策方法。AHP 的基本原理是将要评价系统的有关替代方案的各种要素分解成目标、准则、方案等层次，在此基础上进行定性和定量分析。这种方法的特点是在对复杂的决策问题的本质、影响因素及其内在关系等进行深入分析的基础上，利用较少的定量信息把决策者的决策思维过程数学化，从而为多目标、多准则或无结构特性的复杂决策问题提供简便的决策手段。

假设有 n 个因子 $x_1, x_2, \cdots, x_n$，它们对决策层的重要性（权重）分别为 $w_1, w_2, \cdots, w_n$，将每个因子的重要性进行两两比较，结构如下：

	x_1	x_2	x_3	$\cdots$	x_n
x_1	1	w_1/w_2	w_1/w_3	$\cdots$	w_1/w_n
x_2	w_2/w_1	1	w_2/w_3	$\cdots$	w_2/w_n
x_3	w_3/w_1	w_3/w_2	1	$\cdots$	w_3/w_n
	$\vdots$	$\vdots$	$\vdots$		$\vdots$
x_n	w_n/w_1	w_n/w_2	w_n/w_3	$\cdots$	1

这种相互关系可以用矩阵表示出来，形成判断矩阵：

$$A=\begin{bmatrix} 1 & w_1/w_2 & w_1/w_3 & \cdots & w_1/w_n \\ w_2/w_1 & 1 & w_2/w_3 & \cdots & w_2/w_n \\ w_3/w_1 & w_3/w_2 & 1 & \cdots & w_3/w_n \\ \vdots & \vdots & \vdots & & \vdots \\ w_n/w_1 & w_n/w_2 & w_n/w_3 & \cdots & 1 \end{bmatrix} \tag{8-16}$$

假设判断矩阵 A 的最大特征根为 $\lambda_{\max}$，对应的归一化特征向量为 X。

根据层次分析法的规则，两种因子的比较采用九级标识，即由 1～9 这 9 个数作为标度，表 8-2 列出了判断矩阵的标度及含义。

表 8-2 判断矩阵的标度及含义

标度	含义
1	两个因子相比，具有相等的重要性
3	两个因子相比，一个比另一个稍微重要
5	两个因子相比，一个比另一个明显重要
7	两个因子相比，一个比另一个强烈重要
9	两个因子相比，一个比另一个极端重要
2，4，6，8	上述两个相邻判断的中间值
倒数	若因子 i 与 j 比较得到判断 w_i/w_j，则因子 j 与 i 比较的判断为 w_j/w_i

层次分析法要求判断矩阵具有大体的一致性以保证计算结果的基本合理，因此需要对矩阵进行一致性检验。一致性指标公式为：

$$CI = \frac{\lambda_{max} - n}{n-1} \tag{8-17}$$

平均随机一致性指标 RI 可以通过查表 8－3 获得。

表 8－3　平均随机一致性指标 RI 值

n	1	2	3	4	5	6	7	8	9	10	11	12	13	14
RI	0	0	0.58	0.90	1.12	1.24	1.32	1.41	1.45	1.49	1.51	1.54	1.56	1.57

判断矩阵的随机一致性比例：CR＝CI/RI。

根据层次分析法的规定，若 CR＜0.10，则认为判断矩阵具有令人满意的一致性；否则就需要调整判断矩阵，直到满意为止。

最后得到的数列 $w_1, w_2, \cdots, w_n$，就是每个因子的权重。

8.7　异类数据挖掘方法的评估

可以通过表 8－4 异类点检测问题的混合矩阵来描述异类数据挖掘方法的性能。在异类数据挖掘问题中，并不过多关注预测正确的 normal 类对象，重点关注的是正确预测的 outlier 类对象。

表 8－4　异类点检测问题的混合矩阵

实际		预测类别	
		outlier	normal
实际类别	outlier	预测正确的 outlier	预测错误的 outlier
	normal	预测错误的 normal	预测正确的 normal

由于在异类数据挖掘问题中，异类数据所占比例通常在 5%以下，传统分类准确率的度量指标不适合于评价异类数据挖掘方法。检测率（detection rate）、误报率（false positive rate）是度量异类数据挖掘方法准确性的两个指标。检测率表示被正确检测的异类点记录数占整个异类点记录数的比例；误报率表示正常记录被检测为异类点记录数占整个正常记录数的比例。期望异类数据挖掘方法对异类数据有高的检测率，对正常数据有低的误报率，但两个指标之间会有一些冲突，高的检测率常常会导致高的误报率。也可以采用 ROC 曲线来显示检测率和误报率之间的关系。

8.8　利用可拓数据挖掘算法查找震前电离层异常

为研究震前空间电离层异常情况，以 Demeter 卫星电场超低频（ultra low frequency，

ULF）数据为研究对象，利用可拓数据挖掘技术分析 ULF 数据，从中检索电离层异常现象。

8.8.1 研究对象物元模型及关联函数

首先需要建立解决问题的物元模型。作为空间电场，具有 3 个分量 E_x, E_y, E_z，因此电场物元模型可以写为：

$$R=\begin{bmatrix} N, & E_x, & V_1 \\ & E_y, & V_2 \\ & E_z, & V_3 \end{bmatrix}$$

其中，N 表示空间电场物元，V_1、V_2、V_3 分别对应空间电场 3 个分量 E_x、E_y、E_z 的取值。采用简单关联函数进行计算。

8.8.2 经典域的确定

在简单关联函数中，需要确定经典域的 a、b 值。实际上，现实生活中的许多事情都存在一个“标准”，即在这个标准范围内，事物将保持原有的状态，如电机的额定功率、水的温度等，这其实是一个经典域的概念问题。但也有另外一个极限值，如电机最大电流强度等，这是一个节域的问题。但是，有些事件的经典域和节域不明显，这就需要根据经验进行确定。

目前，空间电场的背景值还没有明确的界定，白昼和黑夜也有差别，因此存在明显的时间特性。针对于空间电场的背景值，空间物理研究人员提出利用均值建立空间电场背景场，因此引入了均值、中值和标准差的概念。

- 均值，即在震前一段时间内，网格内所有测点的某个物理量的平均值；
- 中值，即在震前一段时间内，网格内所有测点的某个物理量的中值；
- 标准差，即在震前一段时间内，网格内所有测点的某个物理量与背景测点均值的标准差。

因此以震前 30 天的一个半轨文件的多点均值确定为背景场值，如 16 点均值，在此基础上增减标准差的倍数作为经典域的上、下边界，类似图形如图 8－8 所示。

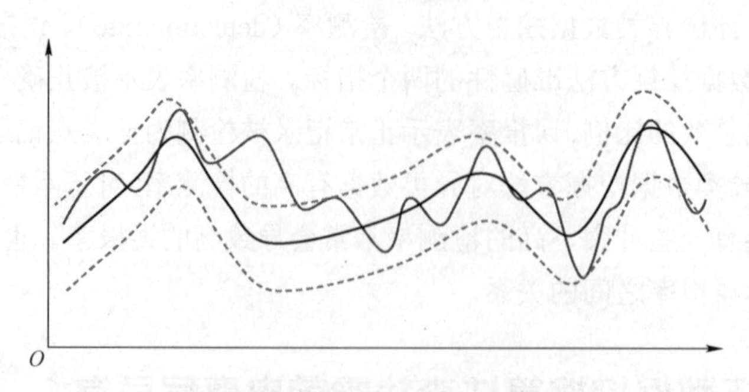

图 8－8　空间电场经典域的确定

如果数据落在经典域之外，那么认为是异类数据。

8.8.3 基于可拓数据挖掘的异类数据分析

因为电场 3 个特征分量具有相同的作用，所以 3 个分量 E_x、E_y、E_z 的权重各取 1/3，综合关联度就是各分量关联度和的 1/3。一个半轨数据的总体关联度图像如图 8－9 所示。

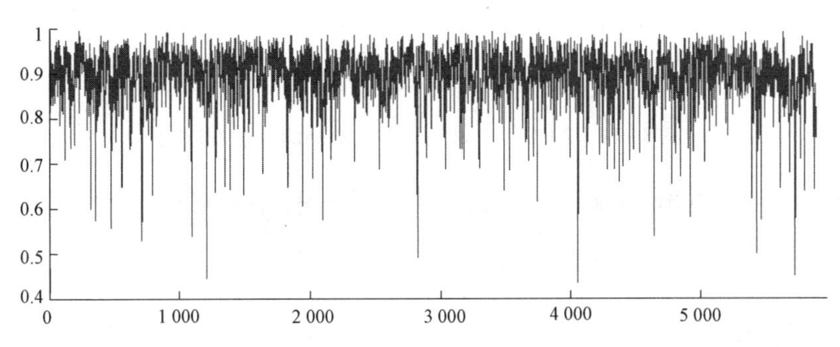

图 8－9　一个半轨数据的总体关联度图形曲线

其中横坐标为采样点数，纵坐标为总体关联度值。根据可拓数据挖掘理论，基于简单关联函数的关联度，当其值为负数时，认为原始数据异常，因此通过这种方法可以很容易地检索出异常数据。

以 2008 年 5 月 12 日发生的汶川大地震震前 12 天的数据进行挖掘分析，时间范围：2008 年 5 月 1 日 19 时 29 分 37 秒—2008 年 5 月 12 日 14 时 16 分 28 秒。在这段时间内，DEMETER 卫星共产生 310 个半轨文件。

以汶川震中为中心，上下左右分别将经纬度拓展 5°，因此地理范围是：（26°N，98°E）～（36°N，108°E）。满足时间、空间要求的文件只有 13 个，在这 13 个待检文件中检索到 2 个异常数据块存在，分别是 2008 年 5 月 5 日 14 时 36 分，北纬 34.026932°、东经 106.73221°附近，距离汶川地震震中大约 440 km；另一个在 5 月 2 日 14 时 40 分，北纬 28.166689°、东经 106.76918°附近，距离汶川地震震中大约 430 km。这两个异常半轨数据的简单关联度曲线如图 8－10 和图 8－11 所示。

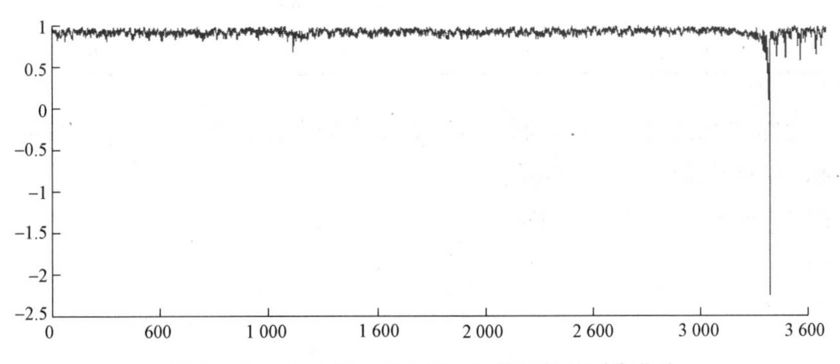

图 8－10　2008 年 5 月 5 日卫星数据的关联度曲线

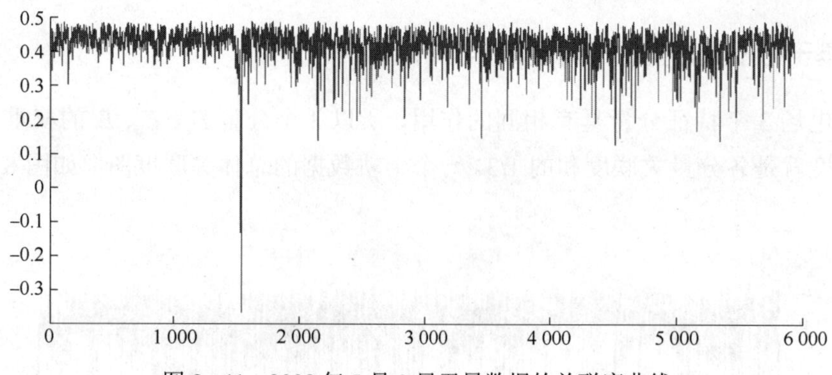

图 8-11　2008 年 5 月 2 日卫星数据的关联度曲线

从图中可以明显看出，关联度出现很大的变化突出，利用可拓数据挖掘算法可以方便地挖掘出异类数据。

8.9　本章小结

在介绍异类点概念及异类挖掘意义的基础上，本章从技术的角度介绍了异类挖掘的几种常用方法：基于统计的方法、基于距离的方法、基于相对密度和基于聚类的、基于物元模型的方法；介绍了可拓数据挖掘算法的相关概念，包括物元、经典域、节域、关联函数、层次分析法等，并以一个具体实例介绍了其应用。

习　　题

（1）什么是异类数据？

（2）简述异类数据产生的原因。

（3）简述异类数据分析的基本方法。

（4）数据集见下表：

点	P1	P2	P3	P4	P5	P6	P7	P8	P9	P10	P11	P12
x	11	11	12	12	12	13	13	13	13	14	14	15
y	13	14	12	13	14	11	12	13	14	11	12	11

以 3-最近邻域 $N(P, 3)$为依据，利用曼哈顿距离分别计算 P1、P2、P3、P8、P12 的 3-最近邻距离，3-最近邻集合和异类因子。

（5）举例说明异类数据分析的应用。

第 9 章

文 本 挖 掘

根据 Google 的报告，目前互联网上的页面数量达到 1 百万亿张规模，而且每天以 10 亿多张页面的速度继续增长，当你看完这行字时又增加了 70 万张页面！众所周知，互联网的页面大部分内容是半结构化甚至是非结构化的信息，这其中包含了很多有价值的内容，如何从众多的 Web 网页中获取有用的信息已经成为当今业界研究的热点。

9.1 概述

文本挖掘（text mining）是从大量文本数据中提取有用信息的过程，是对一个具有丰富语义的文本进行分析和理解的过程，能够从中获得事先未知的、有效的、可理解的及最终可用的信息和知识，并利用这些知识更好地组织文本。

文本挖掘与前面介绍的数据挖掘似乎有些不同，因为需要搜索的知识都在文本里阐明了。因此文本挖掘不是传统意义上的数据挖掘，而是对若干文本的分类、聚类及对一个文本文件的元数据提取和摘要抽取。因此文本挖掘包含分词、文本表示、文本特征选择、文本分类、文本聚类、文本关联、文档自动摘要等方面的内容。

文本挖掘是一个多学科混杂的领域，涵盖了多种技术，包括数据挖掘技术、信息抽取、信息检索、机器学习、自然语言处理、计算语言学、统计数据分析、线性几何、概率理论甚至还有图论。

利用文本挖掘技术处理大量的文本数据，无疑将给企业带来巨大的商业价值。因此，目前文本挖掘的需求非常旺盛，市场潜力极大，应用前景广阔。

9.1.1 文本挖掘的发展

数据挖掘技术本身就是当前数据技术发展的新领域，文本挖掘则发展历史更短。由于传统的信息检索技术对于海量数据的处理并不能尽如人意，因此文本挖掘越来越受到人们的重视，文本挖掘技术是从信息抽取及相关技术领域中逐渐发展而来的。实际上，文本挖掘是伴随互联网发展而来的。因为随着互联网时代的到来，人类获得信息的渠道已经发生了很大变化，这直接导致了互联网网页信息的大爆炸。从技术资料、商业信息、新闻报道、娱乐资讯、政治信息、财经数据、军事知识等，几乎无所不包，无所不有，这些由多种类别和形式组成的 Web 页面文档，构成了一个异常庞大的具有异构性、开放性特点的分布式数据库，其中蕴藏着若干需要挖掘的人们感兴趣的知识。结合人工智能研究领域中的自然语言理解和计算机语言学，从数据挖掘中派生了两类新兴的数据挖掘研究领域：文本挖掘和 Web 挖掘。文本挖掘的目的在于将文本信息转化为人类可利用的知识。

9.1.2 文本挖掘数据准备

文本挖掘是数据挖掘的一个分支，从数据挖掘发展而来，但并不意味着可以简单地将数据挖掘技术运用到所有文本挖掘上。因此在进行文本挖掘之前，首先要进行文本预处理，主要包括文本采集、文本分析和文本特征修剪 3 个阶段。

1. 文本采集

需要挖掘的文本数据可能不在一个网站，而是分散在很多网站上，而且具有不同的类型。因此需要寻找和检索那些被认为可能是与当前工作相关的文本页面。当然，大部分用户都可以定义需要的文本集，但是仍需要一个用来过滤相关文本的软件系统。

2. 文本分析

由于文本的结构有限，甚至于根本就没有结构，而且文本的内容是人类所使用的自然语言，计算机很难处理其语义，这些数据特点就使得现有的数据挖掘技术无法直接应用于文本挖掘，需要对文本信息进行分析，抽取其代表特征和元数据，这些特征可以用结构化的形式保存在数据库中，进而做进一步的挖掘。

3. 文本特征修剪

文本特征修剪包括横向选择和纵向投影两种方式。横向选择是指剔除噪声文档以改进挖掘精度，或者在文档数量过多时仅选取一部分样本以提高挖掘效率；纵向投影是指按照挖掘目标选取有用的特征，通过特征修剪，就可以得到代表文档集合的有效的、精简的特征子集，在此基础上可以开展各种文档挖掘工作。

9.1.3 文本挖掘过程

文本挖掘主要包括以下步骤。

（1）文本预处理：选取与挖掘任务相关的文本，经过分析和特征修剪等文本准备工作，将其转化成文本挖掘可用的格式。

（2）文本挖掘：利用有关数据挖掘算法进行挖掘处理，以提取面向项目需要的目标知识或模式。

（3）模式评估与表示：利用定义好的评估规则对获取的知识或模式进行评估。如果评估结果符合要求，就存储该知识或模式，以备后续使用；否则返回到前面的某个环节重新调整和改进，直到满足评估要求为止。

9.2　文本挖掘基础——分词

分词，是指将一系列连续的字按照一定的规则组合成词序列的过程。在英文中，由于单词之间以空格作为分界符，句子之间有标点符号，因此相对来讲比较好处理。而在中文中，句子、段落由标点符号隔开，但单词之间没有间隔符，这导致中文分词要复杂得多，处理也困难得多。

分词是文本挖掘的基础工作，是文本深层次分析的前提。词的切分，对于人来说是比较简单的事情，但是对于计算机来说却是非常困难的，如不合中文规则的分词、造成歧义的切分、新的词语等，这些不准确的分词可能导致内容的极大差别。

在中文里，若干词语具有多种解释，一个句子里某个字可以往前组合成词，也可以往后组合成另外的词，这就造成组词的歧义问题。例如：

单：单（dān）车，单（shàn，姓）雄信，单（chán）于（匈奴首领）。

着：心悬着（zhe），干着（zháo 动词）急。

劲：干劲（jìn），劲（jìng）敌。

算账：本意是财务上用词，引申意思如秋后算账。

包袱：本意是包东西的一块布料，引申意思如相声里的包袱。

学生会广播：可以划分为学生会＋广播，也可以划分为学生＋会广播。

还有一些词是新词，没有在词典里收录，如新出现的萌萌哒、木有、不造、逼格、凡客体等，因为网络的发展而诞生了越来越多的新词语，现有的字典、词典没有来得及收录。

一些专有名词，如国家名称、专业术语、组织名称、不常见的地名、人名等，像博茨瓦纳（国家名字）、非政府国际组织、瓦尔特（人名）、溵溜（yīnliú）镇；蒙衢（quān）乡，等等。

歧义词、多音多义词、字典（词典）未收录词的识别和切分对计算机分词精度具有重大影响。

目前，分词法可分为三大类：基于词典的分词法、基于统计的分词法和基于语法的分词法。这些分词法各有优缺点，可以根据文本挖掘任务在不同的场景下采用不同分词法。

9.2.1　基于词典的分词法

词典分词法是按一定的策略，将一个文本切成若干字组，每个字组与一个词典里面的词进行匹配比较，若存在则划分为一个词，否则不认可为词。这类分词法对选择的词典有很大的依赖性，因此对词典有很高的要求。现在的分词软件，一般都选择若干本著名的字典和词典作为分词基础，能够满足绝大多数任务需要。

词典分词法的算法主要包括正向最大匹配算法（从左到右的方向）、反向最大匹配算法（从右到左的方向）、最少切分、双向最大匹配法等。

正向最大匹配算法是指从左开始算起进行长度最大的词匹配，直到找到一个词成功匹配，那么将这个词切分出来。如学生会广播，将分解为：学生会＋广播。

反向最大匹配法是从句子右边向左面逐词匹配，直到找到一个最长的词成功匹配，那么将这个词切分出来。如学生会广播，将分解为：学生＋会＋广播。由于汉语特点，一般来说反向最大匹配算法的正确率比正向最大匹配算法的要好一些。

双向最大匹配法是将正向最大匹配法得到的分词结果和反向最大匹配法得到的结果进行比较，从而决定正确的分词方法。

最少切分法是使每一句中切出的词数最少，这样能够保证句子由最少的词组成。

基于词典的分词法算法简单，实现容易。分词的正确率受词典大小、词典数量的限制，词典越大，分词的正确率越高。

9.2.2 基于统计的分词法

基于统计的分词法核心在于词是稳定的字字组合，在上下文中，相邻的字同时出现的次数越多，就越有可能构成一个词。因此字与字相邻出现的概率或频率能较好地反映成词的信任度。可以对文本中相邻出现的各个字的组合的频度进行统计，计算它们之间的互现信息。互现信息体现了汉字之间结合关系的紧密程度，当紧密程度高于某一个阈值时，便可以认为此字组可能构成了一个词。

然而，这种方法也有一定的局限性，会经常抽出一些共现频度高但并不是词的常用字组，如“这一”“有的”“我的”“许多的”等，并且对常用词的识别精度差，时空开销大。因此，实际应用中一般会选择使用多部基本的分词词典（常用词词典）进行串匹配分词，同时使用统计方法识别一些新的词，即将统计法和字典法结合起来，发挥各自优势，消除歧义，提高精度和效率。

9.2.3 基于语法和规则的分词法

该方法主要基于句法、语法分析，并结合语义分析，通过对上下文内容所提供信息的分析对词进行界定，通常包括 3 个部分：分词子系统、句法语义子系统和总控部分。在总控部分的协调下，分词子系统可以获得有关词、句子等的句法和语义信息来对分词意义进行判断，模拟人对句子的理解过程。这种分词方法使用大量的语言知识和信息，需要建立一个非常庞大的词典，这样才可能让分词结果变得更加精确。

常见的分词工具包括 ICTCLAS 2010、imdict-Chinese-analyzer、IK Analyzer、简易中文分词系统 SCWS、盘古分词、Paoding 分词、HTTPCWS、MMSeg 4J、CC-CEDICT 等，这些分词工具各有特点，并且大部分是开源项目，用户可根据需要选择合适的工具。

9.3 文本表示方法

现实中的文档是由自然语言构成的，计算机难以直接处理，需要进行预处理，以提取文本特征，并用某种计算机能够处理的方法将文档表示出来。目前常用的文本表示法主要有布尔逻辑模型（boolean logical model，BLM）、向量空间模型（vector space model，VSM）等。

9.3.1　布尔逻辑模型

布尔逻辑模型是一种简单的文档表示模型，它将文本文档看作是由一组词条向量构成的数据，如（$c_1, c_2, \cdots, c_n$），其中在文本中出现的词用“1”表示，没有出现的词用“0”表示，也就是说只有 0、1 两种状态。

BLM 模型原理简单，容易理解，易于实现，检索速度快。缺点是最后的挖掘结果没有相关性排序，难以满足用户要求。

9.3.2　向量空间模型

向量空间模型是由 Gerard Salton 和 McGill 在 1969 年提出的，其基本思想是将文本文档看作是由一组词条构成的向量，并根据词条在文本中的重要程度赋以权重。如一个文档可表示为（$c_1{:}\ w_1, c_2{:}\ w_2, \cdots, c_n{:}\ w_n$），其中 w_i 表示词条权重。如果将词条看作是 n 维空间的维，那么权重就是对应的值，这样一篇文本文档就可以映射到一个由一组词条矢量作为坐标系的空间中的一个点。

词条权重可以通过词频（term frequency，TF）与逆文本频度（inverse document frequency，IDF）的叉乘求取。

词频是指一个词条在一个文本中出现的频数。频数越大，则该词条对文本的贡献也越大。其重要性可表示为：

$$\mathrm{TF}_{c_{i,j}} = \frac{n_{c_{i,j}}}{N_i} \tag{9-1}$$

这里，N_i 表示所有词条在第 i 文本中出现的总次数，$n_{c_{i,j}}$ 是词条 $c_{i,j}$ 在第 i 文本中出现的次数（$j = 1, 2, \cdots, n$）。

逆文本频度表示词条在文本集合中的分布情况。如果包含该词条的数目越少，则 IDF 越大，说明该词语具有更强的类别区分能力。其重要性可表示为：

$$\mathrm{IDF}_{c_{i,j}} = \log_2 \frac{N}{m_{c_{i,j}}} \tag{9-2}$$

这里，N 是文本集合规模，$m_{c_{i,j}}$ 是包含该词条的文本个数。

于是求权重公式如下：

$$w_{ij} = \mathrm{TF}_{c_{i,j}} \times \mathrm{IDF}_{c_{i,j}} = \frac{\mathrm{TF}_{c_{i,j}} \cdot \mathrm{IDF}_{c_{i,j}}}{\sqrt{\sum_{j=1}^{n} (\mathrm{TF}_{c_{i,j}} \cdot \mathrm{IDF}_{c_{i,j}})^2}} \tag{9-3}$$

这种求词权重的方法结合了 TF 和 IDF 的优点，从词语出现在文本中的频率和在文本集中的分布情况两方面来衡量词语的重要性，在信息检索、文本挖掘中具有广泛应用。如果某个词条或短语在一篇文档中出现的频率 TF 很高，在其他文章中出现较少，则认为该词条或短语具有很好的类别区分能力，适合用来分类。

9.4 文本特征选择

文本特征是刻画一篇或一组文档的代表性词条或句子，若干特征构成文本特征空间。按照向量空间模型的文本表示法，一个文本数据集经过分词、预处理后，形成若干{词条，权重}对组成的空间，相信空间维数一定很高。例如，由 10 000 个不同的词组成的文档，最后的空间维数将是 10 000。这种情形显然不是我们想要的。

常用的文本特征选择方法有以下几种：文档频率（document frequency，DF），单词权（term strength，TS），单词贡献度（term contribution，TC），信息增益（information gain，IG），互信息（mutual information，MI），χ^2 统计量（chi-squared），期望交叉熵（expected cross entropy，ECE）等。这其中文档频率、单词权、单词贡献度是有监督的特征选择方法，而信息增益、互信息、χ^2 统计量、期望交叉熵是无监督的选择方法。

9.4.1 文档频率方法

文档频率是指在训练文本样本集中出现该词条的文档数。如果某个词条的 DF 值较低，小于给定的阈值，即为低频词，表示该词条在文本中不太重要，可以将其从文本特征空间中移走，既能降低特征空间的维数，还有可能提高分类的精度。如果是高频词，DF 大于给定阈值，说明该词条比较重要，对分类精度具有较大影响，应该保留。

文档频率方法简单、易行，缺点是删除的低频词可能含有某种重要信息，因此影响分类器的分类性能。例如，在学术论文中提出的某种算法，可能就出现了一次，其他内容是对该算法的推导、解释等，这样在分类时就没有这个算法的名字。

9.4.2 互信息方法

在概率论和信息论中，两个随机变量的互信息是变量间相互依赖性的度量。不同于相关系数，互信息并不局限于实值随机变量，它更加一般且决定联合分布 $p(X,Y)$和分解的边缘分布的乘积 $p(X)p(Y)$的相似程度。互信息是度量两个事件集合之间的相关性。

两个离散随机变量 X 和 Y 的互信息可以定义为：

$$I(X;Y)=\sum_{y\in Y}\sum_{x\in X}p(x,y)\log\frac{p(x,y)}{p(x)p(y)} \tag{9-4}$$

其中 $p(x,y)$是 X 和 Y 的联合概率分布函数，而 $p(x)$和 $p(y)$分别是 X 和 Y 的边缘概率分布函数。

直观上，互信息是对 X 和 Y 共享信息的度量：知道其中一个，度量另一个不确定度减少的程度。例如，如果 X 和 Y 相互独立，则知道 X 不对 Y 提供任何信息，反之亦然，所以它们的互信息为零。互信息是 X 和 Y 联合分布相对于假定 X 和 Y 独立情况下的联合分布之间的内在依赖性。如果互信息 $I(X;Y)=0$，当且仅当 X 和 Y 相互独立。另外，如果

X 和 Y 独立时，$p(x, y) = p(x)p(y)$，因此：

$$\log \frac{p(x, y)}{p(x)p(y)} = \log 1 = 0 \tag{9-5}$$

互信息具有非负性，且是对称的。

9.4.3 信息增益方法

信息增益方法是根据某个特征词 c 在一篇文档中出现或不出现的次数，据此计算为分类所能提供的信息量，并根据该信息量大小来衡量特征词的重要程度，进而决定特征词的取舍。信息增益是针对某个具体特征进行的，可以参考 2.3.5 节关于信息熵的描述。

信息增益特征表示方法是目前最常用的文本特征选择方法之一，常被作为文本分类降维处理及有监督特征选择的基准方法。该方法只考虑特征词对整个分类的区分能力，不能具体到某个类别上，是一种全局的特征选择方法。

9.4.4 χ^2 统计方法

χ^2 统计方法度量词条与文档类别之间的相关程度，并认为词条与类别之间符合 χ^2 统计，也用于表征两个变量间的相关性，但它比互信息表示法更好，因为它同时考虑了特征存在与不存在的情况。χ^2 值越高，词和类别之间的独立性越小，相关性就越强，意味着词对该类别的贡献度越大，也暗示着包含该词的文档属于该类别的概率越大，χ^2 值为 0 表示两者不相关。

设有词条向量 $c = (c_1, c_2, \cdots, c_n)$，文档类别为 $L = (L_1, L_2, \cdots, L_m)$，$p(c_i)$为词条 c_i 出现的概率，$p(L_j)$为类别 L_j 出现的概率，$\overline{c_i}$ 表示词条 c_i 不出现，$\overline{L_j}$ 表示类别 L_j 不出现，$p(c_i|L_j)$ 表示词条 c_i 在类别 L_j 中出现的概率，$p(L_j|c_i)$表示词条 c_i 出现时属于类别 L_j 的概率，则χ^2 统计量计算公式为：

$$\chi^2(c_i \mid L_j) = \frac{[(p(c_i \mid L_j) - p(\overline{c_i} \mid \overline{L_j})) - (p(c_i \mid \overline{L_j}) - p(\overline{c_i} \mid L_j))]^2}{p(L_j)p(c_i)p(\overline{L_j})p(\overline{c_i})} \tag{9-6}$$

其他文本特征选择方法各有千秋，有兴趣的同学可以查阅相关资料。

9.5 文本分类

文本分类是文本数据挖掘的一个重要内容，按照预先定义的主题类别，为文本集中的每一篇文档分配一个类别。文本分类是信息过滤、搜索引擎、数字化图书馆的关键技术之一，通过文本分类，可以帮助人们更好地寻找需要的信息和知识。随着互联网的发展，文本文档已经浩如烟海，如何快速地找到需要的文档，就成为数据挖掘的一项重要任务，因此文本挖掘具有广阔的应用前景。目前，人们对于内容搜索的准确率、查全率等方面的要求越来越高，对文本分类技术的需求大大增加，因此对文本分类技术进行深入研究具有重要的意义。

一般来说，一个完整的文本分类系统流程包括几个阶段：文本预处理、文本特征提取、文本表示、训练分类器、分类器的测试及分类器性能的评价。

（1）文本预处理：对文档集合进行格式分析并提取出重要内容，包括中文分词、剔除停用词等操作。分词是将单词或词语、成语、短语等从句子里分切出来，停用词是指在文本分析过程中可以忽略的词语。目前对于英文的预处理技术相对来讲比较成熟，而对于中文，分词是一个颇具挑战性的难题。前面介绍的基于词典的方法、基于统计的方法和基于自然语言处理的方法都可以使用。

（2）文本特征提取：从文本集合得到的特征数量一般很大，如果用这么多的特征来表示文本，那么将导致“维数灾难”。因此，有必要利用一定的特征提取方法，抽取有利于文本分类的特征项，以实现对文本的特征表示，便于进一步计算。

（3）文本表示：将提取的文本特征，按照某种方式计算每个特征的权重，形成文本的数学模型表示。

（4）训练分类器：从文档集合中选择若干篇文本构成训练样本集，利用某种算法对该训练集合进行训练，以确定分类器的各个参数及阈值，形成一个文本分类器。选用一个高性能的、适合语义处理的分类器，作为集成分类系统的重要核心模块。常用的文本分类方法有：简单向量距离算法、类中心向量法、朴素贝叶斯分类法、支持向量机（support vector machine，SVM）法、*k*-最近邻算法、人工神经网络方法等。

简单向量距离算法的原理简单，按照某种方法生成各个文本类的一个代表特征向量，当新文本到来时，计算新文本向量与各个类特征向量之间的距离或相似度，以距离最近原则确定新文本属于哪个类别。

k-最近邻（KNN）算法的原理：给定一个新文本，计算新文本与训练集中各个样本文本的距离，选择其中最近或最相似的 k 个文本，根据这 k 个文本的所属类别判定新文本的类别。由于 KNN 算法与 k 个相邻样本有关，因此较好地解决了样本分布不平衡问题。缺点是 KNN 算法计算量较大，因为对每一个新文本都要计算其与样本集各个样本的距离后才能得到 k 个最近邻点，这对大样本集来说很耗费时间。

朴素贝叶斯算法的原理：假设文本中的每个词对于类别的影响是独立的，并且具有相同的分布规律。利用贝叶斯定理计算新文本属于各个类别的概率，并归类到概率最大的类别中。朴素贝叶斯算法原理简单明确，性能较好，在文本分类中应用广泛。朴素贝叶斯算法要求文本特征之间互相独立，且具有同一分布特征，这对文本集要求较高。另外，总体的概率分布和各类样本的概率分布函数一般是未知的，需要有足够多的样本才能获取和估算。

支持向量机法是建立在统计学理论基础上的机器学习方法，具有优良的性能指标。通过学习算法，SVM 法可以自动寻找出那些对分类有较好区分能力的支持向量，由此形成的分类器可以最大化类和类的间隔，具有较好的适应能力和较高的分辨率。该方法只需要由各类域的边界样本的类别来决定最后的分类结果。SVM 算法具有较强的理论依据，特别适合小样本情况，其分类结果是现有信息下的最优解，解决了在神经网络方法中无法避免的局部极值问题，并且巧妙地解决了维数问题，使得其算法复杂度与样本维数无关。

人工神经网络方法是模拟人脑神经系统的基本组织特性构成的信息处理系统，一般由若干个神经元构成，其输入有多个带有连接权重的连接通路，表明不同的输入作用也不一样。每个神经元有一个输出，并可以连接到很多其他神经元，这些互相连接的神经元构成了一个自适应、非线性的动态系统。常用的神经网络有BP神经网络、自组织映射网络和Hopfield网络等。人工神经网络技术具有很多优点，可以较好地解决传统文本分类方法中遇到的一些难题，而且具有自组织、自适应、并行计算和很强的鲁棒性与容错性。

（5）分类器的测试：利用文本分类器对测试样本集进行分类，得到测试样本集的分类结果。

（6）分类器性能的评价：采用一定的评价指标，对测试分类结果进行评价。最简单的评价方法就是计算测试样本分类结果的正确率，一个具有较高正确率的分类器是可用的；如果正确率达不到要求，需要重新修正分类器。根据评测分析结果对相应分类器参数、结构、流程等各方面进行改进，最终形成一个性能高的文本分类系统。

文本分类系统流程如图9－1所示。

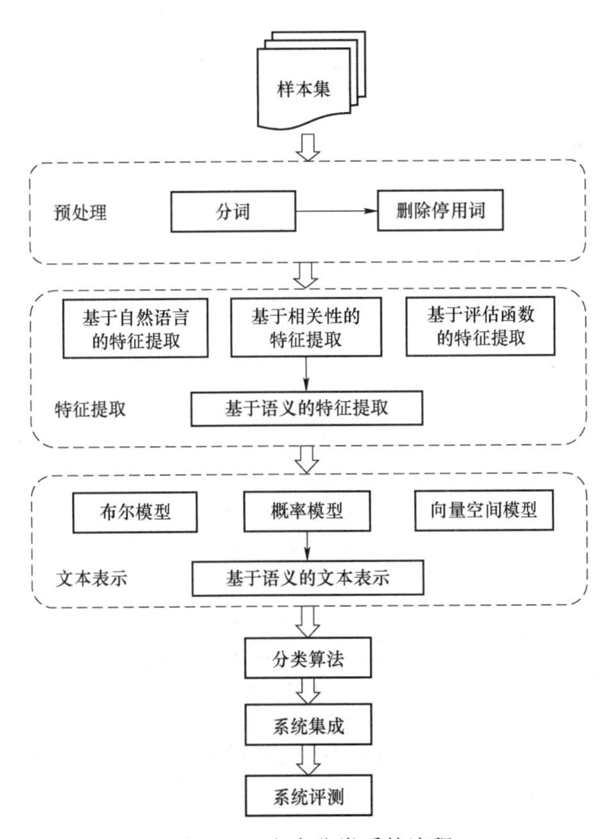

图9－1　文本分类系统流程

分类和聚类的区别在于：分类是基于已有的分类体系表的，而聚类则没有分类表，只是基于文档之间的相似度。

9.6 文本聚类

文本聚类是根据文本的特征进行归类，把一个文本集分成若干个子集，这些子集称作簇。聚类原则是同簇内的文档相似度较大，不同簇的文档相似度较小。

首先，文本聚类可以发现与某文本相似的一批文本，帮助人们发现相关知识；其次，文本聚类可以将一个文本聚类成若干个簇，提供一种组织文本的方法；最后，文本聚类还可以生成分类器以对文本进行分类。文本挖掘中的聚类可用于提供大规模文本集内容的总括，识别隐藏的文本之间的相似度，减轻浏览相关和相似信息的过程。

文本聚类作为一种自动化程度较高的无监督分类学习方法，不需要预先对文本进行手工标注类别，这是一个发现感兴趣知识的过程，对人类具有很大的吸引力，近年来在信息搜索、多文档自动文摘、热点跟踪与识别等领域得到了广泛应用。由于文本聚类是一个无监督的学习过程，因此相似性度量的方法在这个过程中起着非常重要的作用。

文本聚类系统流程如图 9－2 所示。

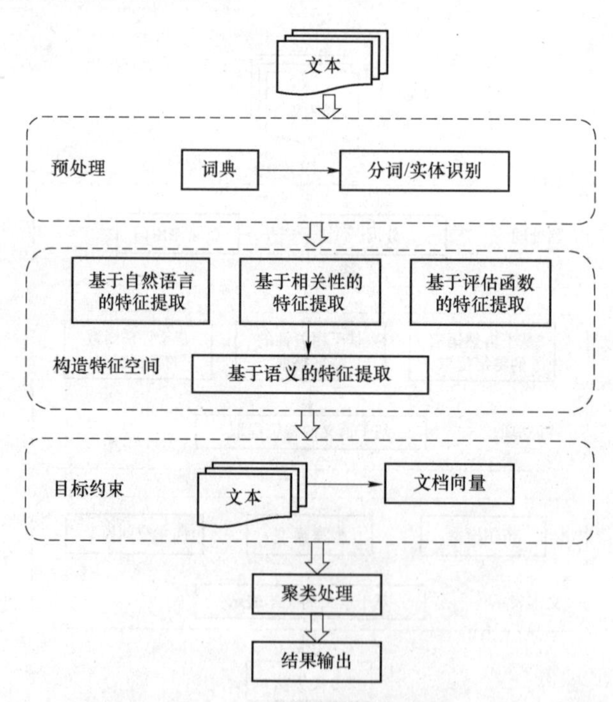

图 9－2　文本聚类系统流程

常用的文本聚类方法主要有：平面划分法、层次聚类法、密度聚类法、网格聚类法、模型聚类法等。

1. 平面划分法

平面划分法是将文本集合划分成若干个簇，每个簇中至少有一个文档。如果每个文本文档只属于一个簇，那么这种划分是确定的；如果属于多个簇，那么这种划分是模糊的。

划分法首先需要给定一个划分的簇数 k，然后创建一个初始的簇划分，再采用迭代算

法不断地改变各个簇内的文档，直至各个簇中的文档不再变化，完成文本聚类。

目前划分法使用最多的是 *k*-means 算法，可以参考 7.2 节相关内容。经典的 *k*-means 算法，在每次迭代过程中将文本归入到距中心点最近的一簇，同时重新调整和计算这些簇的中心点，直到中心点收敛于确定的位置，各个簇内的文档固定下来。这种方法计算简单、有效。缺点是需要事先确定聚类的数目，但在一般情况下，这个数目往往是难以确定的；聚类结果和效率受初始划分中心位置的影响较大，在针对高维数据集时，聚类质量也明显下降。因此，为了对大规模的数据集进行聚类和处理复杂形状的聚类，平面划分法需要进一步的改进，如 *k*-means++算法、二分 *k*-means 算法等。

2. 层次聚类法

层次聚类法，顾名思义就是要一层一层地进行聚类，可以从下而上地把小簇合并聚集为大簇，也可以从上而下地将大簇分割为一个个的小簇，是一种很直观的聚类算法。该法是传统的处理聚类数目未知情况的聚类方法，包括分裂式层次聚类法和凝聚式层次聚类法。

从上而下的聚类也称作分裂式聚类法，是将所有文本集看作一个类，然后按照目标函数值最优原则将其拆分为簇，之后选择最大的簇按照同样的原则进行再次拆分，直至满足目标函数要求。自下而上的聚类也称作聚合。首先将每一个文本看作一个簇，然后两两聚合成新簇，再继续两两聚合，直到成为一个类结束。

层次聚类的优点：通过设置不同的参数值，得到不同粒度上的多层次聚类结构；在聚类形状方面，层次聚类适用于任意形状的聚类，并且对样本的输入顺序不敏感。

层次聚类的缺点：算法具有较高的时间复杂度，层次聚类过度依赖聚类的合并点和分裂点的选择，而且聚类过程不可逆，一旦完成就不可更改。另外，层次聚类结束的条件不准确，仅是要求指定一个合并或分解的终止条件，这在计算时很方便，但聚类结果很不准确。

常用的层次聚类算法主要有：AGNES 算法、BIRCH、CURE、ROCK、CHAMELEON 等。

3. 密度聚类法

密度聚类法从文本特征在样本集中的密度的角度来考察文本之间的关系，并根据文本特征的密度连接性不断扩展，直到获得最终的文本聚类结果，将具有足够高密度的文本划分为一个簇。

密度聚类的特点：能够发现任意形状的簇，对噪声数据不敏感，计算量大，复杂度高。

DBSCAN 是一个有代表性的密度聚类方法，利用事先给定的密度阈值控制簇的增长。OPTICS（ordering points to identify the clustering structure）不直接提供数据集的聚类结果，而是产生一个关于数据集的“增广排序”，反映了数据基于密度的聚类结构。DENCLUE（density based clustering）引入影响函数和密度函数的概念进行聚类。MDCA（maximum density clustering algorithm）算法将基于密度的思想引入到划分聚类中，使用密度代替初始质心作为考察簇归属情况的依据，能够自动地确定簇数量并发现任意形状的簇。

4. 网格聚类法

基于网格的聚类算法，首先将文本集划分为有限个单元的网格，每个网格里有若干个文本，后续的操作都在各个网格中进行。典型的网格算法有 STING（statistical information grid）、CLIQUE 等。

STING 是一种基于网格的多分辨率聚类算法，它将空间区域划分为矩形单元，这些单元形成一个层次结构，高层的每个单元被划分为多个低一层的单元，直到单元不再被划分。

CLIQUE 是综合了基于网格和基于密度的聚类方法，把每个维划分成不重叠的区间，从而把数据对象的整个嵌入空间划分成单元，对大规模数据库中的高维数据聚类非常有效。它使用一个密度阈值识别稠密单元和稀疏单元，将相连的密集单元的最大集合划分为一个簇。

网格聚类法的优点：处理速度快，处理时间与数据对象的数目无关，一般由网格单元的数目决定。缺点：由于对数据空间做了很大简化，因此聚类质量和精确性较差；只能发现边界是水平或垂直的聚类，不能检测到斜边界；如何选择合适的单元大小和数目没有标准。

5. 模型聚类法

模型聚类法利用假定的一个模型，寻找数据对给定模型的最佳拟合。主要有两类算法：基于统计学的算法和神经网络方法。基于统计学的算法需要考察所有的个体才能划分聚类，这是一种基于全局比较的聚类方法。基于神经网络模型的聚类方法，将每个簇描述为一个“标本”作为聚类的原始模型，根据某种距离度量或相似度，新的对象可以被分配给标本与其距离最短或相似度最大的簇。

9.7 文本摘要自动生成

当今时代是信息大爆炸的时代，各种信息制造工具或软件每时每刻都在源源不断地往网络上发送信息，导致互联网上的文本信息、技术文档及数据库的内容都在以指数级的速度增长。用户在检索信息的时候，可以得到成千上万的返回结果，这其中存在若干与其信息需求无关或相关性很低的文档。如果要剔除这些文档，则必须阅读完全文，这就要耗费大量的时间，并且效果也不好。如果将每篇文档自动提取的一个摘要性的文本罗列出来，那么就可以节省阅读时间，提高工作效率。

文本自动摘要是指通过自动分析一篇或多篇给定的文章，根据一些语法及句法等信息分析其中的关键信息，通过压缩、精简得到一篇简明扼要、可读性强的摘要文字，可以由文章中的关键词、句构成，也可以重新生成。

9.7.1 自动文摘生成步骤

文档自动摘要会大大降低人工编制文摘的成本，缩短文献加工和编辑的时间，为人们迅速而准确地获取所需信息提供很大方便，能够节省大量的浏览时间。自动文摘就是利用计算机自动地从原始文档中提取全面准确地反映该文档中心内容的简单连贯的短文。

自动文摘具有以下特点。

（1）自动文摘应能将原文的主题思想或中心内容自动提取出来。

（2）文摘应具有概括性、客观性、可理解性和可读性。

（3）可适用于任意领域。

按照生成文摘的句子来源，自动文摘方法可以分成两类：一类是完全使用原文中的句子来生成文摘，即抽取生成法；另一类是可以自动生成句子来表达文档的内容。后者的功能更强大，但实现复杂，经常会出现生成的句子不好理解的情况，因此目前大多用第一种方法。

自动文摘按照处理过程，大致可分为 3 个步骤。

（1）文本分析阶段：对原始文本进行分析，寻找最能代表原文内容的成分，生成文本的源表示。

（2）信息转换阶段：通过对一系列因素（如用户的需要、领域知识等）的考察，对源表示进行修剪和压缩，形成文摘表示。

（3）重组源表示内容阶段：生成文摘并确保文摘的连贯性。

图 9－3 是一个基于简单统计方法的文档自动摘要生成过程。

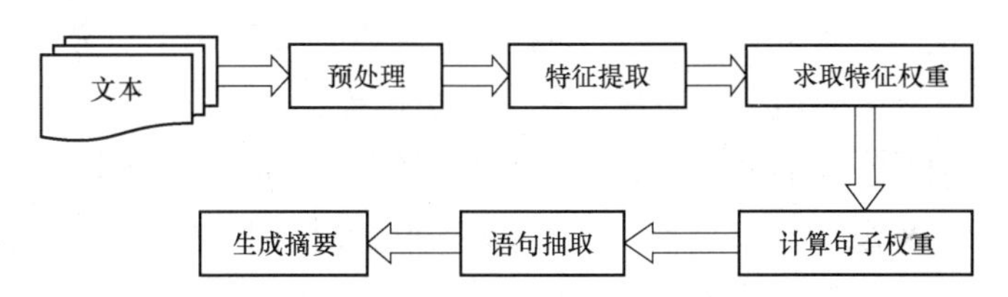

图 9－3　基于简单统计方法的自动摘要生成过程

9.7.2　自动摘要相关技术

文档自动摘要技术主要包括自动摘录法、最大边缘相关自动文摘法、基于理解的自动文摘法、基于信息抽取的自动文摘法、基于结构的自动文摘法、基于 LSI 语句聚类的自动文摘法等。

1. 自动摘录法

该方法将文本看成是句子的线性排列，将句子看成词的线性排列，然后从文本中摘录出最重要的句子作为文摘句。主要步骤如下。

（1）计算词的权重，可采用 TF×IDF 或其他权值法计算词的权重。

（2）计算句子的权重，累加句子中所有词的权重或结合其他句子特征。

（3）将句子权值排序，确定阈值，高于阈值的句子作为文摘句。

（4）将这些文摘句按原顺序组合输出。

2. 最大边缘相关自动文摘法

最大边缘相关自动文摘法（maximal marginal relevance，MMR）是指从文本中挑选出与该文本最相关、同时又与已挑选出的所有代表句最不相关的句子作为下一个代表句。

MMR 法是一种公认的有效文本代表句的选取方法，因为它尽可能地保证选取出来的代表句在语义上最接近原始文本，同时代表句彼此间能保持较小的冗余。

3. 基于理解的自动文摘法

该方法利用语言学知识获取语言结构，更重要的是利用领域知识进行判断和推理，得到文摘的语义表示，最后从语义表示中生成摘要。

4. 基于信息抽取的自动文摘法

该方法根据领域知识建立起文摘框架，然后使用信息抽取方法对文本进行主题识别，利用文摘框架对文本中的有用片段进行有限深度的分析，通过特征词抽取相关短语或句子填充文摘框架，通过文摘模板将文摘框架中的内容转换为文摘文本输出。

5. 基于结构的自动文摘法

这种方法将文档看作是句子的关联网络，与很多句子都有联系的中心句被确认为文摘句，句子之间的关系可通过词间关系、连接词等确定。对于篇幅较长的文档，可将文档看作段落的关联网络，这比由句子组装起来的文摘具有更好的连贯性。

6. 基于LSI语句聚类的自动文摘法

该方法利用潜在语义索引（latent semantic indexing，LSI）以获取特征项和文本的语义结构表示。在语义空间计算特征项权重时，着重考虑了特征项对于文本主题的表现能力和在整个文本集中使用的模式；计算句子的权重采用综合评价句子与文本主题与段落主题的相关程度，将各段落中的句子按照权重从大到小排列，按照段落摘要长度的要求，摘取适当的句子，将其按照在文本所处的位置，顺序排列，构成文本摘要。

上述方法在一定程度上都可以自动提取相应领域文档的文摘，但普遍存在文档冗余信息的识别和处理、重要信息的辨认和生成文摘的连贯性等问题，这些需要采取新方法或专业技术进行处理，以提高自动文摘的质量。

9.8 基于KNN的新闻稿文本分类

随着互联网的普及和自媒体行业的大发展，新闻类文章充斥网络，如何在浩如烟海的信息海洋中有效地发现和使用信息变得越来越困难。新闻媒体的文章主要以文本形式存在，这些文本主要是结构化与半结构化的信息资源，计算机不能直接识别、处理它们，因此需要将其形式进行转化，使得计算机可以识别。处理过程是：采用分词技术获取文本分词的特征项集合，再使用权重计算方法对文本进行向量化，得到计算机可以识别的模式。最后利用机器算法对文本进行分类。图9-4是利用KNN算法进行文本分类的流程图。

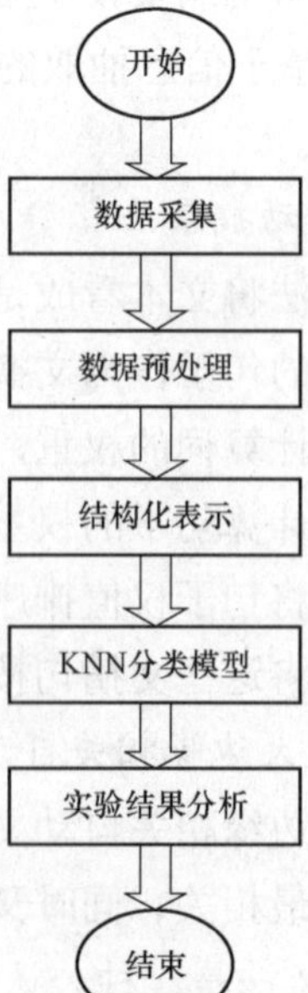

开始
数据采集
数据预处理
结构化表示
KNN分类模型
实验结果分析
结束

图9-4 基于KNN的文本分类流程图

9.8.1 收集新闻稿文本

实验数据采用复旦大学中文语料库。该语料中测

试集共有 19 596 篇文档，训练集共有 19 651 篇文档，训练集和测试集比例基本是 1:1 划分。

语料库主要分为 20 个类别，分别有艺术、文学、教育、历史等，每一个类别下有若干篇文章。在训练集中，艺术类的有 1 480 篇，文学类的有 65 篇，教育类的有 117 篇，哲学类的有 87 篇，历史类的有 930 篇，科技时空类的有 1 280 篇，励志类的有 61 篇，电子类的有 52 篇，会谈类的有 48 篇，计算机类的有 2 711 篇，矿业类的有 67 篇，交通类的有 114 篇，环境类的有 2 434 篇，农业类的有 2 043 篇，经济类的有 3 200 篇，法律类的有 103 篇，医学类的有 103 篇，政治类的有 2 046 篇，军事类的有 148 篇，体育类的有 2 507 篇。在测试集中，艺术类的有 1 481 篇，文学类的有 67 篇，教育类的有 120 篇，哲学类的有 88 篇，历史类的有 934 篇，科技时空类的有 1 281 篇，励志类的有 65 篇，电子类的有 84 篇，会谈类的有 52 篇，计算机类的有 2 715 篇，矿业类的有 65 篇，交通类的有 115 篇，环境类的有 2 435 篇，农业类的有 2 040 篇，经济类的有 3 200 篇，法律类的有 101 篇，医学类的有 102 篇，政治类的有 2 050 篇，军事类的有 150 篇，体育类的有 2 506 篇。

9.8.2 新闻文本预处理

预处理步骤包括对文本进行分词和去掉停用词两步。

1. 分词

中文分词是进行文本预处理的第一步。由于中文文本每一个词之间没有明显的分割标志，只有句间才有以逗号、句号分开的分隔标志。因此想要实现文本的自动分类必须要使用分词技术将每一个连贯的语句分成离散的词序列。在此使用第三方 jieba 分词器。该分词器主要有 3 种分词模式：精准模式、全模式和搜索引擎模式。其中因为精准模式具有分词准确度高的特点，因此选择采用精准模式进行分词。分词前、后的文章效果如图 9－5 和图 9－6 所示。

【标　题】图书评论应当重视对书籍装帧艺术的评价
【正　文】
图书评论是近代报刊业兴起后，在世界各国得到长足发展的一种新型评论体裁。而不论是书评理论还是书评实践都有一个不小的疏漏，即忽视了图书的形式因素。因为图书是内容与形式的综合体，忽视了“图书形式”这一重要方面，会导致在图书评论活动中忽视对图书的出版形式这一重要方面的品评论述，而这对于出版物的达到基本要求：“形神俱佳”（“形”指书装艺术，“神”指内容叙述）或最高要求“尽善尽美”（“尽善”指内容而言，“尽美”指形式而言）无疑是有缺憾的。
图书的形式因素即为书籍的装帧设计艺术（以下简称“书装艺术”）。它的内容应当包括：封面、封底、书脊、环衬、扉页、字体、字号、插图、版式、护封等。装帧设计应是图书中的重要内容，顺理成章地应成为书评文章中不可或缺的评论对象。然而，在当前报刊上大量刊登的书评文章中谈及这一方面的极为少见。这一偏颇势必会对中国出版物综合水平的提高产生不良的影响。
图书出版事业是人类的思维活动和精神成果与科学技术相结合的一项系统工程。而书装艺术则渗透着“出版人”的思维活动和印刷科技的水平两个因素。设计者的艺术构思，通过印刷工艺的精心制作，与图书的内容达到协调一致，才形成一本精美的形神俱佳的图书。
如今，我国的一些出版社，对图书的装帧设计重视不够，这既成为书评作者忽视书装艺术的评论的一个潜因，他们认为许多图书的书装艺术不值一提或难以一说；同时，也人为地造成了对书装艺术粗糙现象的不合理宽容。究其原因，出版社不愿投入应有的资金和人力是主要问题。书装艺术本身也是体现出版物品位高低的一项重要因素。在现代图书出版印刷中，应投入必要的资金，以避免参加国际图书博览会的中国图书再被人们讥笑为“展翅高飞”、“鞠躬尽瘁”了。（由于纸质差，装订落后，我国图书陈列于国际展台时，暖气会使书册张开弯曲，这叫“展翅高飞”；还有则为书脊软塌，不能直立，弯腰驼背，则称“鞠躬尽瘁”。）
编辑素养的欠缺，也直接影响到书装艺术的优劣。在我国的出版业中，编辑通常是提供书装要求，并参与设计方案的。参与的前提，应该是要具备一定的艺术素质和审美眼光，但如今有相当一部分编辑缺乏这一点。他们对艺术规律，对美术设计者从事的工作特性知之甚少，他们的参与从某种意义上来说甚至成为一种盲目的干涉：“外行”指挥“内行”。大至约束个框子，小至书名作者的位置安放和颜色的指派。不难设想，在这种缺乏平等探讨的格局下，要求所设计出来的封扉等的艺术效果将是什么样子。
当然，提出这些问题，并不是反对文字编辑对美编工作的参与，而是希望各个出版社应在平时增加对书装艺术的知识的介绍和培训，以指导编辑们以科学艺术的眼光来参与并审定书装设计方案，使我们的出版物真正成为内容与形式美和谐统一的精神产品。
书评工作者本身的观念的局限是导致书评活动中忽视对书装艺术作出评价的一个重要性因素。
书评不同于文艺评论。文艺评论是对文艺作品进行的学术界定。当前，书评文章中有种不良倾向——书评朝文艺评论方向发展。这就违背了书评的宗旨，降低了书评本身的价值。仅仅注意抓框架结构，评内容主题，而忽略了外在形式因素。这种评论方式是不完整的，也是不科学的。

图 9－5　分词前文本内容

【 标　题 】图书 评论 应当 重视 对 书籍装帧 艺术 的 评价
【 正　文 】
　　图书 评论 是 近代 报刊 业 兴起 后， 在 世界 各国 得到 长足发展 的 一种 新型 评论 体裁。 而 不论是 书评 理论 还是 书评 实践 都 有 一个 不小 的 疏漏， 即 忽视 了 图书 的 形式 因素。 因为 图书 是 内容 与 形式 的 综合体， 忽视 了 “ 图书 形式 ” 这一 重要 方面， 会 导致 在 图书 评论 活动 中 忽视 对 图书 的 出版 形式 这 一 重要 方面 的 品评 论述， 而 这 对于 出版物 的 达到 基本 要求： “ 形神 俱佳 ” （ “ 形 ” 指 书装 艺术， “ 神 ” 指 内容 叙述 ） 或 最高 要求 “ 尽善尽美 ” （ “ 尽善 ” 指 内容 而言， “ 尽美 ” 指 形式 而言 ） 无疑 是 有 缺憾 的。
　　图书 的 形式 因素 即 为 书籍 的 装帧 设计 艺术 （ 以下 简称 “ 书装 艺术 ” ） 。 它 的 内容 应当 包括： 封面、 封底、 书脊、 环衬、 扉页、 字体、 字号、 插图、 版式、 护封 等。 装帧 设计 应是 图书 中 的 重要 内容， 顺理成章 地应 成为 书评 文章 中 不可或缺 的 评论 对象。 然而， 在 当前 报刊 上 大量 刊登 的 书评 文章 中 谈及 这 一方面 的 极为 少见。 这一 偏颇 势必会 对 中国 出版物 综合 水平 的 提高 产生 不良 的 影响。
　　图书 出版事业 是 人类 的 思维 活动 和 精神 成果 与 科学 技术相结合 的 一项 系统工程。 而 书装 艺术 则 渗透 着 “ 出版 人 ” 的 思维 活动 和 印刷 科技 的 水平 两个 因素。 设计者 的 艺术 构思， 通过 印刷 工艺 的 精心制作， 与 图书 的 内容 达到 协调一致， 才 形成 一本 精美 的 形神 俱佳 的 图书。
　　如今， 我国 的 一些 出版社， 对 图书 的 装帧 设计 重视 不够， 这 既 成为 书评 作者 忽视 书装 艺术 的 评论 的 一个 潜因， 他们 认为 许多 图书 的 书装 艺术 不值一提 或 难以 一说； 同时， 也 人为 地 造成 了 对 书装 艺术 粗糙 现象 的 不合理 宽容。 究其原因， 出版社 不愿 投入 应有 的 资金 和 人力 是 主要 问题。 书装 艺术 本身 也是 体现 出版物 品位 高低 的 一项 重要 因素。 在 现代 图书 出版 印刷 中， 应 投入 必要 的 资金， 以 避免 参加 国际 图书 博览会 的 中国 图书 再 被 人们 讥笑 为 “ 展翅高飞 ” 、 “ 鞠躬尽瘁 ” 了。 （ 由于 纸质 差， 装订 落后， 我国 图书 陈列 于 国际 展台 时， 暖气 会 使 书册 张开 弯曲， 这 叫 “ 展翅高飞 ” ； 还有 则 为 书脊 软塌， 不能 直立， 弯腰驼背， 则 称 “ 鞠躬尽瘁 ” 。 ）
　　编辑 素养 的 欠缺， 也 直接 影响 到 书装 艺术 的 优劣。 在 我国 的 出版业 中， 编辑 通常 是 提供 书装 要求， 并 参与 设计方案 的。 参与 的 前提， 应该 是 要 具备 一定 的 艺术 素质 和 审美眼光， 但 如今 有 相当 一部分 编辑 缺乏 这 一点。 他们 对 艺术 规律， 对 美术 设计者 从事 的 工作 特性 知之甚少， 他们 的 参与 从 某种意义 上 来说 甚至 成为 一种 盲目 的 干涉： “ 外行 ” 指挥 “ 内行 ” 。 大至 约束 个 框子， 小至 书名 作者 的 位置 安放 和 颜色 的 指派。 不难设想， 在 这种 缺乏 平等 探讨 的 格局 下， 要求 所 设计 出来 的 封扉 等 的 艺术 效果 将 是 什么 样子。
　　当然， 提出 这些 问题， 并 不是 反对 文字编辑 对 美编 工作 的 参与， 而是 希望 各个 出版社 应 在 平时 增加 对书装 艺术 的 知识 的 介绍 和 培训， 以 指导 编辑 们 以 科学 艺术 的 眼光 来 参与 并 审定 书装 设计方案， 使 我们 的 出版物 真正 成为 内容 与 形式 美和谐 统一 的 精神 产品。
　　书评 工作者 本身 的 观念 的 局限 是 导致 书评 活动 中 忽视 对书装 艺术 作出评价 的 一个 重要性 因素。
　　书评 不同于 文艺 评论。 文艺 评论 是 对 文艺作品 进行 的 学术界 定。 当前， 书评 文章 中 有种 不良倾向 —— 书评 朝 文艺 评论 方向 发展。 这 就 违背 了 书评 的 宗旨， 降低 了 书评 本身 的 价值。 仅仅 注意 抓 框架结构， 评 内容 主题， 而 忽略 了 外在 形式 因素。 这种 评论 方式 是 不 完整 的， 也 是 不 科学 的。

图 9-6　分词后文本内容

一番
一直
一个
一些
许多
种
有的是
也就是说
末##末
啊
阿
哎
哎呀
哎哟
唉
俺
俺们
按
按照
吧
吧哒

图 9-7　停用词表

2. 去掉停用词

分词后的训练集和测试集包含大量的停用词，就是那些对文本分类贡献不大却又大量出现的词，如“我”“的”“啊”等词语。这些词在文本分类过程中并没有什么实际意义，因此需要将它们剔除，以防止它们造成干扰，同时达到降维的目的。

首先设置停用词表。本书使用的停用词表形式如图 9-7 所示，其中包含了感叹词、连词、拟声词等没有实际意义的词。然后加载已经完成分词的训练文本集和测试文本集。通过遍历的方式去除停用词，为文本的特征提取提供基础。

9.8.3 文本表示

每个文本中的特征项相当于空间中的一个向量，每个特征项代表空间向量中的一个维度，维度值代表该特征项的权重值，即这个特征项在文档中的重要程度，可以利用 TF×IDF 的方法计算权重值。

将训练集所有文本文件统一到同一个 TF×IDF 词向量空间中，其中的各个词都是来自训练样本集（已去掉停用词），各个词的权值也一并保存起来，形成权重矩阵。权重矩阵以 a[i][j]表示，意思是第 j 个词在第 i 个类别中的 TF×IDF 值。

9.8.4 利用 KNN 进行文本分类

KNN 算法有两个关键问题，即 k 值选取和采用什么距离计算。关于 k 值选取，可以通过交叉验证方式选取：从一个较小的 k 值开始，不断增加，计算验证集合的方差，最终

找到一个比较合适的 k 值。本例中选择 $k=5$。关于距离选择，可以采用欧氏距离，计算简单。

9.8.5　分类结果评估

对于一个分类器分类效果的好坏，可以使用准确率、精准率、召回率及 $F1$ 综合指标进行评判。准确率（Accuracy）是指对于给定的测试数据集，分类器正确分类的样本数与总样本数之比；精准率（Precision）又称查准率，是指正确预测为该类的文本数与预测属于该类的文本数之比；召回率（Recall）又称查全率，是指正确预测为该类的文本数与真正属于该类的文本数之比。因为精准率和召回率从不同方面衡量分类结果，提高其中的一个结果必然引起另外一个结果的下降。因此当二者出现冲突时需要进行调和，常用的方法是 $F1$ 综合指标法，其计算公式为：

$$F1=\frac{2\times Pre\times Rec}{Pre+Rec} \tag{9-7}$$

式中：Pre——精准率；

Rec——召回率；

$F1$——综合指标值。

本次利用 KNN 分类器对新闻文本进行分类的效果见表 9－1。

表 9－1　KNN 分类器分类结果评估表

分类器	准确率	精准率	召回率	$F1$ 指标
KNN 分类器	0.91	0.89	0.89	0.89

可以看出，KNN 分类器的分类效果还是比较好的，具有训练时间短、复杂度低等优点。

其实，不同的分类器各有优势和弊端，需要根据数据集的分布特征、应用范围选择合适的分类器，以便得到最好的分类结果。

9.9　本章小结

文本挖掘是目前数据挖掘领域热门的研究之一。本章介绍了文本挖掘的有关概念、发展和挖掘过程。文本挖掘过程包括预处理、文本挖掘和模式评估与表示；文本挖掘基础介绍了分词及其方法，这些方法包括基于词典的分词法、基于统计的分词法、基于语法和规则的分词法；文本表示及其具体方法，包括布尔逻辑模型、向量空间模型等；文本特征选择及其提取方法，包括文档频率方法、互信息方法、信息增益方法、χ^2 统计方法；最后介绍了文本分类、文本聚类、文本摘要等挖掘应用，并以新闻稿件的文本分类为例介绍了文本分词的详细过程。

习　题

（1）什么是文本挖掘？简述文本挖掘的过程。

（2）什么是分词？都有哪些分词方法？

（3）介绍一下文本特征概念，有哪些特征提取方法？

（4）文本表示有哪些方法？

（5）简述文本摘要的提取过程。

第 10 章

Web 挖 掘

正如前述，当前互联网的页面已达百万亿页的规模，而且每天还在以 10 亿页的速度增加。Web 网页隐藏着大量的信息，除了第 9 章介绍的文本内容以外，还包括网站结构、访问日志信息、热点网站、冷门站点等，有大量的信息隐藏在其中，需要利用数据挖掘技术加以提取。

所谓 Web 挖掘，就是从 Web 文件和 Web 页面中提取潜在感兴趣的有用模式和隐含信息。和传统的数据挖掘不同的是，Web 挖掘的对象是互联网上的海量网页及用户浏览网络产生的记录数据。在网页内部、页面之间、页面之间的链接、页面访问记录等都含有大量的用户感兴趣的信息，这就需要用到 Web 挖掘。Web 挖掘可以在很多方面发挥作用，如对 Web 结构挖掘可以确定热点网页；可以像文本挖掘那样，对 Web 页面文本进行分类、聚类和摘要提取等；对浏览日志挖掘可以发现用户感兴趣的网页和站点，从而推断用户的职业、身份等信息。

Web 挖掘侧重于分析和挖掘与网页、网站相关的数据，包括文本、链接结构和访问统计等，可以形成网站摘要、网络导航等信息。一个网页中包含了多种不同的数据类型，因此 Web 挖掘主要包括结构挖掘、内容挖掘、日志挖掘等，如图 10－1 所示。

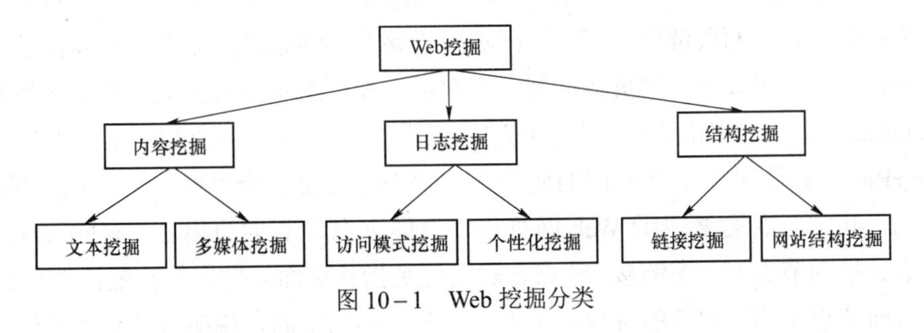

图 10－1　Web 挖掘分类

10.1 Web 结构挖掘

Web 结构挖掘是指对网页的结构和 Web 的结构进行挖掘与分析，对网页进行分类或聚类，找出其中的权威页面，分析网页结构或网站结构，发现隐含在网络内容之外的、有价值的模式和知识。通过结构挖掘，可以改善网站结构，提高用户体验感。目前大部分 Web 页面的脚本语言是 HTML、XML、H5 等，具有树形结构特点。通过挖掘页面的结构和 Web 结构，可以发现热点页面、权威页面、中心页面，从而提高检索能力，指导页面采集工作，提高采集效率。

Web 页面之间的链接不仅揭示了文档的信息，还揭示了页面之间的关系，通过链接的指向和引用，能够体现出某个网页的重要程度。为了方便对结构进行分析和挖掘，一般将页面间的超链接表示为有向的拓扑结构图，通过分析有向图的边和路径，发现有用的模式和知识，如图 10-2 所示。

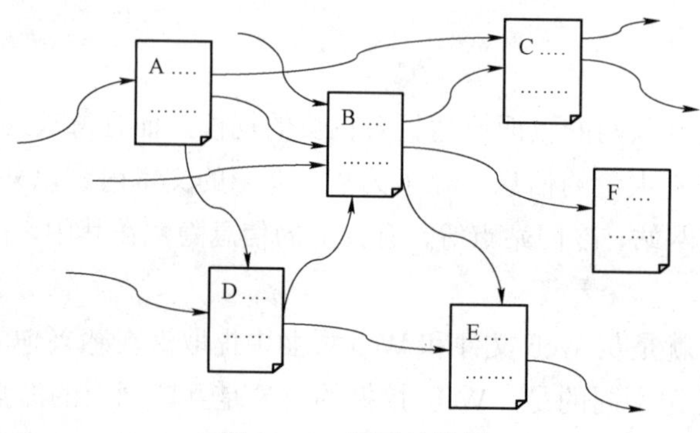

图 10-2　网页链接图

从图 10-2 可以看出，Web 网页的链接是“混乱”的，但从中也可以发现，有些网页的链接数多，而有些网页的链接数少，有些网页的入链接数多，有些网页的出链接数多。这说明网页的受关注程度是不一样的。例如，图中 10-2 的网页 B，入链接为 4，出链接为 3，在图中链接数最多，说明网页 B 很重要。称入链接的发出页面为入链接的上连页面。

那么如何度量这个网页的重要性呢？Google 公司引入了一个称作 PageRank 的度量，以刻画网页或网站的“权威性”。

PageRank 算法是超链接结构分析中最成功的算法之一。PageRank 算法的核心思想是：如果一个网页被很多网页链接，那么该网页对于整个网络来说，具有比较靠前的重要性；如果一些比较靠前重要性的网页链接到一个网页，那么这个网页的重要性也比较靠前。

PageRank 算法的理论基础：在数据结构课程中，图是一种存储结构，由节点和边组成。PageRank 算法引入了有向图的概念，将 Web 页面集合看成是一个巨大的有向图 $G=(V, E)$，其中节点集 V 表示 Web 网页集，边集 E 代表有向边集合，有向边（a, b）代表从节点 a 指向节点 b 的超链接。节点 a 的出度是指从页面 a 发出的超链接的总数，入度是所有指向节点 a 的超链接的总数。如果一个节点的入度高，说明该节点的关注度也高，就具有权威性。在 Web 上，如果一个网页有若干网页链接，那么这个网页的权威性就高，因此可以利用入链接（入度）刻画网页的权威性。

PageRank 值：设 v 是一个 Web 页，INv 是所有指向 v 的页面集合，则页面 v 的 PageRank 值 PR 定义为：

$$\mathrm{PR}(v)=\sum_{u\in \mathrm{IN}v} P(u) \tag{10-1}$$

其中 $P(u)$是指向网页 v 的网页 u 的出度贡献率。

以图 10－2 为例。页面 C 的 PageRank 值为：PR(C)＝1/3+1/3＝2/3，其中 1/3 来自网页 A 的贡献，另 1/3 来自网页 B 的贡献。

页面 E 的 PageRank 值为：PR (E)＝1/3+1/2＝5/6，其中 1/3 来自网页 B，1/2 来自网页 D。

页面 F 的 PageRank 值为：PR (F)＝1/3，来自网页 B 的贡献。

其他页面的 PageRank 值未知，因为没法计算入链接的上连页面情况，因此无法计算贡献率。

PageRank 的实现过程：将网页的 URL 对应成唯一的整数 ID，把每个超链接用其整数 ID 存放到索引数据库中，经过预处理之后，设每个网页的初始 PR 值为 0，通过以上的递归算法计算每一个网页的 PageRank 值，反复迭代，直至结果收敛。

10.2　页面内容挖掘

页面内容挖掘是对页面的文本、图像、视频和组成页面的其他内容进行挖掘，从而获取有用的模式和规则的过程。内容挖掘按照挖掘对象可以分为文本挖掘和多媒体挖掘。文本挖掘是指对大量文档的内容进行统计、关联分析、聚类、分类等处理和分析，这在第 9 章已经介绍。多媒体挖掘是目前数据挖掘研究的热点领域，如图像识别、语音识别、视频跟踪等，都属于多媒体挖掘。

10.2.1　图像信息数据的挖掘

在数字图像中包含了十分丰富的信息，例如，视觉上的特性主要表示的是颜色、形状及纹理等；空间上的特性主要表示的是目标图像的模式、空间关系及布局等。图像挖掘就是在图像数据集中提取隐含的知识，包括图像之间的关系、图像与字符数据之间的关系、图像中各实体之间的相互关系及其他模式或关系、图像数据中的语义模式等。因此，图像挖掘属于计算机视觉、图像处理、图像检索、数据挖掘、机器学习、数据库和人工智能等几个学科的交叉领域。

目前图像挖掘的主要问题是如何有效地分析包含在原始图像或图像序列中低层像素的表示，以标识出高层空间的对象及关系。通常的方法是，对图像进行变换、增强、编码与压缩、复原及分割等，获取能够代表其结构的表示方式及对区分特征进行抽取，然后在这些特征向量所在的空间中进行比较、分析各向量之间的距离或相似关系，从而完成对图像内容的分析、索引、摘要、分类和聚类等操作，进一步发现感兴趣的知识或模式。

图像挖掘可分为两种类型：一种是挖掘图像集中的内容，另一种是在图像集、字符数据库及其他相关的特征中进行挖掘。挖掘的基本方法有两种：一种是在领域知识的指导下，提取图像特征和各种元数据，然后将它们变成适合传统数据挖掘技术的数据形式进行数据挖掘；另一种是通用的模式，即提取图像底层的像素特征，如颜色、纹理及形状等，分析它们之间的关系，得到高层的语义知识。使得底层的特征和高层的感知联系在一起，这为在非结构化数据中进行知识发现提供了有效的途径。

10.2.2 视频数据挖掘

视频数据已逐渐成为信息处理领域中主要的信息媒体形式之一，因为它能记录、保留空间和时间上的各种信息，内容丰富，以最接近自然的方式获得更多的细节，所以视频数据在生活中的应用非常广泛。

视频和图像一样，其中包含的特性也是极其丰富的，视频中所包含的特性除了图像具有的两种特性外，视频中的特性还包括建立在时间上的特性、视频所拍对象的特性及运动上的特性等。同样完成视频信息数据的提取也是建立在对视频的技术处理的方式上，从而获得建立在该视频的结构上的模式。

视频挖掘就是通过综合分析视频数据的试听特性、时间结构、事件关系和语义信息，发现隐含的、有价值的、可理解的视频模式，得出视频表示事件的趋向和关联，改善视频信息管理的智能程度。因此数据挖掘技术可以广泛应用于新闻视频、监控视频、记录影片、数字视频图书馆等应用系统中。例如，从交通监控视频中分析出交通拥堵的趋势，从连续的侦查图像和视频新闻中分析出军队调动的动向，对广告的分析和挖掘，从国际新闻中挖掘出事件的关联、危机和灾害事件（水灾、火灾、疾病等）的发生模式等。另外，还可以对视频结构进行分析和挖掘，挖掘出视频的结构模型，它描述了视频故事单元的构造模式。

由于视频数据的非结构性、视听性和复杂的语义性，对视频数据进行挖掘存在许多困难，主要表现在对视频特征的提取、特征的描述、常规的挖掘方法在数字视频库中的应用和设计新的视频挖掘方法等。

10.2.3 音频数据挖掘

音频是听觉媒体，建立在人的听觉上完成相应的频率响应，广泛使用的音频媒体是语音，如广播节目中的语音和伴随视频的语音。音频中包含的信息特征基本上就是音调或旋律等，可以运用相应的处理技术对音频中所包含的信息数据进行挖掘。常用的挖掘任务有两种：一种是语音识别，可以完成对语音的识别，然后转化成文字形式，如微信里的音频转化为文字；另一种是对音频中包含的一些特征进行直接提取，再对其中的模式进行分析。

目前，音频挖掘难度较大，还处在起步阶段。由于语音数据非常复杂，即使同一个音节在不同的语句中也会表现出不同的信息特征。语音数据是一种时序数据，在一句话中音节的排列是有先后顺序的，音节之间存在很强的音联关系。音频挖掘的研究需要研究者在语音合成工作积累的基础上才能有效地进行。由于数据挖掘技术对处理对象的要求较高，因此直接录制音节波形文件必须经过预处理，以达到挖掘要求。如对录音波形进行音节切分和音节标注，但这需要大量的人力、物力、财力，没有强大的语音处理能力的积累是难以完成的。

将数据挖掘技术应用于语音信号处理，可以解决部分现阶段较难解决的语音技术难

题，尽可能减少人为经验因素对语音处理的影响，完成对语音处理从定性到定量的转变。因此，将数据挖掘方法应用于语音合成具有重要的意义和广阔的应用前景。

10.3 Web 日志挖掘

日志挖掘是指从用户上网浏览产生的日志文件（如用户访问日志、点击流等）中获取信息，发现用户浏览网站的模式及用户感兴趣的领域等相关知识。通过日志挖掘，可以分析用户访问最多的网页、每个时间段内用户对网站的访问量等信息，通过改善网站结构，方便用户使用或为用户推荐其可能感兴趣的信息。

互联网是一个复杂、异质、动态、庞大的信息源，但是每个用户访问网站的日志记录保持了一定的结构性，记录了用户和网站服务器之间交流的若干信息，包括浏览时间、停留时长、网页链接、用户信息等，这些记录数据能够显示出用户的职业特点、上网习惯、感兴趣的网络内容等。

日志挖掘的基本流程包括数据预处理、模式挖掘和模式分析。其中数据预处理去除掉日志中包含的一些对于挖掘不需要的冗余信息，包括数据净化、用户识别、会话识别、路径补充等处理过程；模式识别是指利用路径分析、关联规则、时间序列分析、聚类和分类算法等方法来识别和发现一些模式或知识，是日志挖掘的主要内容；模式分析是指对识别出的模式作进一步的分析和处理，去掉一些没有太多意义的模式，得到有用的感兴趣的模式。

10.3.1 日志数据采集及预处理

数据处理的 70%以上的工作花在数据收集和预处理方面，这个阶段得到的结果质量对后续的数据挖掘至关重要。访问日志数据的采集和预处理，同样在日志挖掘中显得重要。Web 日志挖掘的主要任务包括分析 Web 站点性能、理解用户意图、改进 Web 站点质量等。

1. 日志数据采集

日志挖掘的数据源是 Web 服务器的日志文件，包括 Web 服务器访问记录日志、应用服务日志、数据维护日志等，有时还需要其他必要的一些文件和知识等，如网站文件及其元数据信息、操作数据库信息、应用程序模板和领域知识等。

一个设计良好的 Web 服务器能够自动保留用户访问的日志数据，如浏览时间、网页停留等，这些信息都被记录在日志文件中。网页的 UML、网页关键词、摘要信息等作为网页内容数据也会保存起来，这是用户访问对象和关系的集合。结构数据包含了网页内容的结构信息，展示了网页设计者对内容的组织、逻辑关系等。一个网站的操作数据库包含了用户模型信息，如注册用户入口信息、用户个人基本信息、用户对网页的访问次数和时间、购物记录及时间等，能够反映用户习惯、职业、偏好等网站感兴趣的信息。例如，一个用户通过浏览器访问了多个网站，那么这个用户的浏览模式就被记录在客户端浏览器日志上，而 Web 服务器日志的数据则记录了多个用户访问同一个

Web 站点的情况，代理服务器日志则是这两者兼而有之，可以从中找到多个用户访问多个网站的情况。

不同的 Web 服务器所使用的日志格式也有所不同，常见的有通用日志格式（common log format，CLF）、扩展通用日志格式（extended common log format，ECLF）两类。Web 服务器日志将用户访问站点的用户浏览行为以通用规范的日志格式文件或扩展的日志格式文件来记录。ECLF 的一般格式为：

Remotehost rfc931 authuser date request status bytes referrer user_agent

这些字段的意义见表 10－1。可以看出服务器日志数据包含了很多 Web 日志挖掘所需的数据。

表 10－1 Web 日志中字段的含义

字段名称	含义
Remotehost	IP 地址
rfc931	远程登录网站的用户名称
authuser	经过认证的用户名称
date	服务器向客户端返回请求资源的时间
request	用户发出的访问请求，通常包含的字段有方法 Method、URL 资源和遵循的协议 protocol
status	http 协议返回的状态码
bytes	请求响应文件的长度
referrer	请求前客户端所在的 URL 地址，若不能确定以“－”表示
user_agent	访问者使用的操作系统、浏览器版本

2. 数据预处理

由于收集到的 Web 日志数据是不完整的、包含冗余的数据，不能直接对其进行数据挖掘，必须先进行数据的预处理。而未经处理的原始日志等数据不仅会降低挖掘算法的效率，还会影响结果的准确度和可信度。数据预处理阶段的主要任务便是把收集到的原始日志文件、内容和结构信息转变为适合挖掘算法的数据形式。

数据预处理阶段就是将采集的日志数据进行数据融合与清理、用户识别、会话识别、事务识别等处理，如图 10－3 所示。

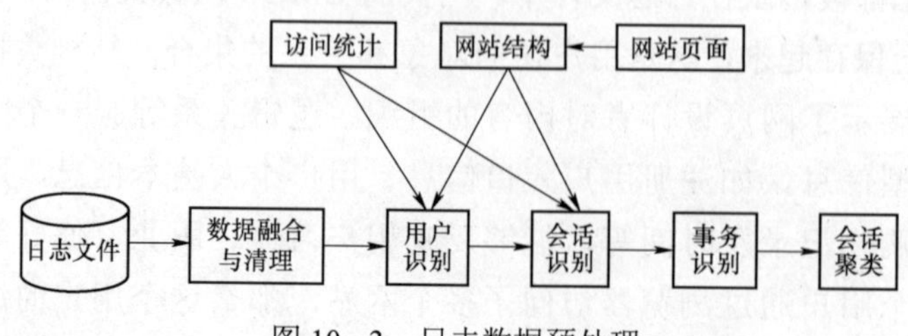

图 10－3 日志数据预处理

（1）数据融合与清理：数据融合是将来自多个 Web 和应用程序的服务器日志文件进行合并，数据清理就是将日志数据进行简化处理，包括删除对分析不重要的无关的嵌入对象的引用，如样式文件、脚本文件、图形及声音文件等，删除一些无关的数据域等，如后缀为.ico、.jpg、.png 等的图片文件。

（2）用户识别：用户识别就是将 Web 日志中的访问记录与相应的用户一一对应起来，这样做的目的是辨别出访问网站的独立用户，并为后续的流程做好准备。由于 Web 用户可能多次访问同一个网站，服务器日志会为每个用户记录多个会话，因此区分不同的用户是必要的，这可以由客户端的 cookies 完成。

（3）会话识别：用户会话是指用户从进入站点开始到最后离开站点这段时间里所进行的一系列活动。为研究用户访问 Web 站点的模式，必须了解用户每一次访问网站时都浏览了哪些网页。会话识别将每个用户的活动记录分成一个一个会话的过程，每个会话代表一次对站点的访问，其目的是从点击流数据中重构信息，以获得用户访问站点的真实行为序列。理想的会话识别可以重建用户在一个会话中浏览的真实网页顺序。

（4）事务识别：对于某些要求较高的挖掘算法，为了得到更精准的实验结果，需要对处理后的数据进行大小的调节，均衡事务间的粒度大小，这就是事务识别的由来。事务辨识既可作为一个用户会话，也可以是某个用户对一个单独 Web 页面的访问。事务识别算法有时间窗口、引用长度、最大向前路径法等方法。按照挖掘目的，不同页面数据需要采用不同算法，可根据时间窗口法来进行时间差的间隔方式，将事务进行分割与判断。在同一事务中任意两个页面最大访问时间差规定是在一个时间阈值内。引用长度指的是用户浏览页面期间，根据浏览时间进行页面会话的区分，按照时间长度引用法对辅助页面、内容页面进行分割。最大向前路径法就是根据 Web 日志访问序列来调整访问链接深度，从而对事务进行新的深度识别。

10.3.2 基于统计的 Web 日志挖掘

利用 Web 日志文件，将感兴趣的信息进行统计，实现对统计数据的归纳：如对访问量的统计，对查询类型的统计，用户热点访问时段的统计等。该分析方法虽然并不精深，但是可以非常有效地将系统安全性提高，下面给出一个日志文件挖掘案例。

1. 数据来源和提取

一个学术类网站，提取其访客日志数据。

2. 数据预处理

对访客日志数据进行清理，去掉一些不相干的脚本、图片等，合并每个访客的访问记录信息，并加以整理，形成数据库文件。

3. 访客行为方式挖掘

访客数据分析主要针对访客访问网站的方式、访客关注内容分析、访客地理分布与访问时间分析等，根据挖掘发现的问题，完善网站结构和布局，提高网站内容质量和服务效率。

（1）访问网站的方式挖掘。通过访客访问方式的数据挖掘，结果表明：访问方式主要有直接输入网站网址、站内链接跳转、搜索引擎搜索 3 种方式。在统计数据内，访客访问数据共统计到 262 次，其中直接输入网站网址方式 236 次，占比 90.08%；站内链接 21 次，占比 8.01%；搜索引擎搜索 5 次，占比 1.91%，反映出这个网站关注度较低，访问链接太少，主要靠内部人员输入网址访问。

（2）关注内容挖掘。对访客关注内容进行挖掘，可以较为清晰地看出网站模块设置、模块内容安排是否合理，从而对网站模块和模块内容进行有重点的改善和提高，通过挖掘结果能够反映出哪一方面的内容更能够吸引访客兴趣。

对网站模块访问次数、各模块访问停留时间的统计分析，对网站的内容建设有指导性意义。结合访问次数和停留时间对学术动态、科研成果、成果一览、荣誉奖项 4 个模块分别分析。

（3）地理分布与访问时间挖掘。通过对网站日志的挖掘，可以了解访客的地理分布、访问时间段分布等，这对网站后续的内容建设和网站推广具有指导意义。

对访客的 IP 地址进行统计分析，结果显示访客主要来自北京、河北、浙江等地，这与网站所在位置和学术交流范围有很好的契合度。

学术动态模块共被访问 70 次，访问停留时间为 57 min，平均每次访问 0.81 min。相对于其他几个模块的访问次数较多，访问停留时间也较长。可以看出，大多数访客在访问该站时对其学术研究方面的内容有较大的兴趣。

科研成果模块共被访问 54 次，访问停留时间 18 min，平均每次访问 0.33 min。该模块访问次数较多，访问停留时间、平均每次访问时间较短。由于该模块内只对科研成果进行展示，让访客获取信息较为简单。该模块中的对科研成果的展示内容较为单一，对普通访客的吸引力不大，但对持续关注科研方面进展的访客和业内人士有较大意义，使其可以更为直接方便地查询到相关科研成果。

成果一览模块共被访问 20 次，访问停留时间 30 min，平均每次访问 1.5 min。可以看出，该模块的平均访问时间较长，访问深度较深。说明访客在全方面了解网站相关信息方面较为感兴趣，也反映出该模块内容的深度和可读性较高。

荣誉奖项区别于成果一览，展示了研究所获得的各类奖励、荣誉等，对学术交流和科研的具体内容涉及较少。荣誉奖项模块共被访问 13 次，访问停留时间 33 min，平均每次访问时间 2.53 min。从数据分析可以看出，该模块访问深度最深，表明访客关心网站学术能力和社会认可情况。

10.4 本章小结

Web 挖掘是从页面中发现潜在感兴趣的有用模式和隐含知识，是当前数据挖掘研究的热点。本章从 Web 挖掘的概念、挖掘内容等展开，从结构挖掘、内容挖掘、日志挖掘 3 个方面介绍了 Web 挖掘。在结构挖掘中，介绍了 PageRank 算法，其是网页重要性的度量方法；页面内容挖掘简要介绍了图像信息挖掘、视频数据挖掘、音频数据挖掘等；日志挖掘主要介绍了日志数据采集及预处理、基于统计的 Web 日志挖掘等内容。

习　　题

（1）什么是 Web 挖掘？简述其过程。

（2）简述 PageRank 算法思想及过程。

附录A　习题参考答案

第1章　导　　论

（1）数据挖掘，又称知识发现（knowledge discovery in data base，KDD），从大量的、不完全的、有噪声的、模糊的甚至是随机的实际应用数据中，提取出其中隐含的、先前未知的但又是潜在的信息和知识的过程。

（2）数据挖掘的主要过程包括：业务理解、数据理解、数据准备、建模、评估、部署。

（3）数据挖掘的主要任务包括：预测建模（回归和分类）、关联分析、聚类分析、序列分析和异类点检测。

（4）数据挖掘的常用工具有：Enterprise Miner（SAS）、Clementine（SPSS）、Intelligent Miner（IBM）、WEKA、马可威软件、R 和 Python 等。

（5）文本数据挖掘、图像数据挖掘、非结构数据挖掘、大数据挖掘、生物信息挖掘。

（6）利用数据预处理技术进行数据清洗、整理、集成等；利用分类方法对客户进行分类，预测客户需要的服务；利用聚类方法分析客户详细类别，有针对性地开展服务推广；利用关联分析来分析客户相关服务，方便推介服务；利用异常检测挖掘技术分析数据异常，防止入侵。流程：原始数据、预处理、数据挖掘、结果模式、评估与表示、知识。

第2章　数据、统计特征及数据预处理

（1）数据预处理的方法和内容如下。

① 数据清洗：包括填充空缺值，识别孤立点，去掉噪声和无关数据。

② 数据集成：将多个数据源中的数据结合起来存放在一个一致的数据存储中。需要注意不同数据源的数据匹配问题、数值冲突问题和冗余问题等。

③ 数据变换：将原始数据转换成为适合数据挖掘的形式。包括对数据的汇总、聚集、概化、规范化，还可能需要进行属性的重构。

④ 数据归约：缩小数据的取值范围，使其更适合于数据挖掘算法的需要，并且能够得到和原始数据相同的分析结果。

（2）清理数据的内容如下。

① 尽可能赋予属性名和属性值明确的含义；

② 统一多数据源的属性值编码；

③ 去除无用的唯一属性或键值（如自动增长的id）；

④ 去除重复属性（在某些分析中，年龄和出生日期可能就是重复的属性，但在某些时候它们可能又是同时需要的）；

⑤ 去除可忽略字段（大部分为空值的属性一般是没有什么价值的，如果不去除可能造成错误的数据挖掘结果）；

⑥ 合理选择关联字段（对于多个关联性较强的属性，重复无益，只需选择其中的部分用于数据挖掘即可，如价格、数据、金额）；

⑦ 去掉数据中的噪声、填充空值、丢失值和处理不一致数据。

（3）处理空缺值的方法有：

① 忽略该记录；

② 去掉属性；

③ 手工填写空缺值；

④ 使用默认值；

⑤ 使用属性平均值；

⑥ 使用同类样本平均值；

⑦ 预测最可能的值。

（4）分箱的方法主要有：

① 统一权重法（又称等深分箱法）；

② 统一区间法（又称等宽分箱法）；

③ 最小熵法；

④ 自定义区间法。

数据平滑的方法主要有：平均值法、边界值法和中值法。

（5）数据规范化：将数据按比例缩放，使其落入到一个标准的区间之内，并去除量纲。主要方法有：最小－最大值规范化、Z-score规范化、小数定标规范化，等。

最小－最大值规范化：设有变量x，取值范围为$\{x_1, x_2, \cdots, x_m\}$，其中最小值min=$x_1$，最大值max=$x_m$，将其转换到给定区间$[a, b]$，公式如下：

$$y = \frac{x - \min}{\max - \min}(b - a) + a$$

最小－最大值规范化方法，能够保持原来数据之间的联系。如果令$a = 0$，$b = 1$，则成为归一化预处理方法。

Z-score规范化：$y = \frac{x - \bar{x}}{\sigma}$

其中$\bar{x}$是数据集的均值，σ是标准差。

小数定标规范化：通过移动小数点位置，将数据变换到一个规定区间。如将数据变换到[0, 1]区间，可以做如下处理：$y = \frac{x}{10^j}$

其中j是保证y落在[0, 1]区间的最小整数。

第3章 数据仓库及联机分析处理

（1）数据仓库是一种提供决策支持功能的数据库，它与组织机构的操作数据库分别维护。它允许将各种应用系统集成在一起，为统一的历史数据分析提供坚实的平台，对信息处理提供支持。主要特征是面向主题的、集成的、时变的和非易失的。

（2）OLTP 即联机事务处理，是以传统数据库为基础、面向操作人员和低层管理人员、对基本数据进行查询和增、删、改等的日常事务处理。OLAP 即联机分析处理，是在 OLTP 基础上发展起来的、以数据仓库为基础的、面向高层管理人员和专业分析人员、为企业决策支持服务。

OLTP 和 OLAP 的主要区别见下表：

特征	OLTP	OLAP
特性	操作处理	信息处理
面向	事务	分析
用户	办事员、DBA、数据库专业人员	专业人员（如经理、主管、分析人员）
功能	日常操作	长期信息需求、决策支持
DB 设计	基于 E-R 模型,面向应用	星形/雪花、面向主题
数据	当前的、确保最新	历史的、跨时间维护
汇总	原始的、高度详细	汇总的、统一的
视图	详细、一般关系	汇总的、多维的
工作单元	短的、简单事务	复杂查询
访问	读/写	大多为读
关注	数据进入	信息输出
操作	主码上索引/散列	大量扫描
访问记录数量	数十	数百万
用户数	数千	数百
DB 规模	GB 到高达 GB	大于等于 TB
优先	高性能、高可用性	高灵活性、终端用户自治
度量	事务吞吐量	查询吞吐量、响应时间

（3）数据仓库的三层体系结构分别是底层、中间层和顶层。底层是传统数据库服务器系统，利用后端工具软件从操作数据库或其他数据源提取数据，存入底层。该层还包括元数据库，存放关于数据仓库及其说明信息。

中间层是 OLAP 服务器，将多维数据的操作映射为标准的关系操作或直接实现多维

数据和操作。

顶层是前端客户层，包括查询和报告、分析工具及数据挖掘工具等。

（4）数据仓库模型结构主要有3种：企业仓库、数据集市和虚拟仓库。企业仓库搜集了关于主题的所有信息，覆盖整个企业，提供企业范围内的数据集成，可以包括一个或多个传统数据库系统。数据集市是面向特定用户群的，是企业仓库的一个子集，通常是汇总数据，范围限于选定的主题。虚拟仓库是操作数据库上视图的集合。

（5）目前流行的数据仓库的多维数据模型主要有星形模式、雪花模式和事实星座模式。

星形模式包括一个大中心表（事实表）、一组小的附属表（每维一个表），模式图很像星光四射，维表显示在围绕中心表的射线上。

雪花模式是星形模式的变种，其中某些维表被规范化，因而把数据进一步分解到附加的表中，形成类似于雪花的形状。

事实星座模式可以看作是星形模式的汇集，也称作星系模式或事实星座。

第4章 回归分析

（1）D

（2）D

（3）A

（4）线性回归与逻辑回归的区别如下：

① 线性回归要求变量服从正态分布，逻辑回归对变量分布没有要求。

② 线性回归要求因变量是连续性数值变量，而逻辑回归要求因变量是分类型变量。

③ 线性回归要求自变量和因变量呈线性关系，而逻辑回归不要求自变量和因变量呈线性关系。

④ 逻辑回归是分析因变量取某个值的概率与自变量的关系，而线性回归是直接分析因变量与自变量的关系。

（5）Logistic回归是由多元线性回归发展而来的，是一种广义的线性回归分析模型，适用于因变量是二值的情况，主要用于二分类问题。其基本思想是让所需样本出现的概率最大，也就是利用已知的样本结果信息，经过反演得到导致这种结果的最大可能模型参数值。

第5章 数据分类与预测

（1）人工神经元数学模型为$y_k = g\left(\sum_{i=0}^{m} w_m x_m\right)$，其示意图如下：

（2）最近邻算法的思想用一句通俗的话说，就是：如果一个动物走路像鸭子，叫声像鸭子，那么它很可能就是一只鸭子。k-近邻分类算法需要计算新样本与训练样本之间的距离，找到距离最近的k个邻居，根据多数原则将样本分到某个类中。

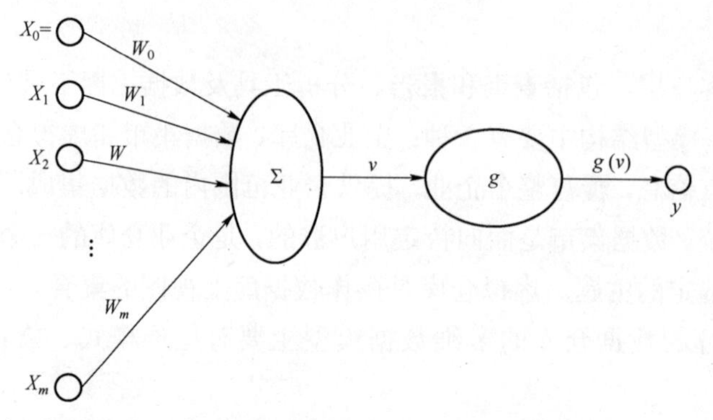

（3）所谓过渡拟合，就是对训练数据过多的依赖导致模型不具有很好的预测性能。过渡拟合产生的原因主要是噪声、错误的类别值/类标签、属性值，以及缺乏代表性样本等。

解决过度拟合的手段主要有两种方法：先剪枝法和后修剪法。

（4）信息熵 $E=-3/4\log_2(3/4)-1/4\log_2(1/4)=0.3113+0.5=0.8113$

属性 Sky 的信息熵 $E_{\text{Sky}}=3/4(-3/3\log_2 1)+1/4(-\log_2 1)=0$

属性 Sky 的信息增益 $\text{Gain}_{\text{Sky}}=E-E_{\text{Sky}}=0.8113$

（5）解：即求 $X=$ {坏，高温，下雨，微风}的路考为“是”的后验概率 $P(Y=y\mid X)$和 X 在路考为“不”的后验概率 $P(Y=n\mid X)$，以概率最大者为 X 的预测值。其中 y 代表“是”，n 代表“不”。

根据贝叶斯定理，$P(Y=y|X)=P(X|Y=y)$ * $P(Y=y)=P(A1\mid Y=y)$* $P(A2\mid Y=y)$* $P(A3\mid Y=y)$* $P(A4\mid Y=y)$* $P(Y=y)$

这里，$P(A1\mid Y=y)=P(A1=$ 坏 $\mid Y=y)=3/6$

$P(A2\mid Y=y)=P(A2=$ 高温 $\mid Y=y)=1/6$

$P(A3\mid Y=y)=P(A3=$ 下雨 $\mid Y=y)=4/6$

$P(A4\mid Y=y)=P(A4=$ 微风 $\mid Y=y)=5/6$

$P(Y=y)=6/10$

因此，$P(Y=y|X)=3/6*1/6*4/6*5/6*6/10=1/36$

同理，计算 $P(Y=n|X)=P(X|Y=n)*P(Y=n)=P(A1\mid Y=n)*P(A2\mid Y=n)*P(A3\mid Y=n)*P(A4\mid Y=n)*P(Y=n)$

其中，$P(A1\mid Y=n)=P(A1=$ 坏 $\mid Y=n)=1/4$

$P(A2\mid Y=n)=P(A2=$ 高温 $\mid Y=n)=2/4$

$P(A3\mid Y=n)=P(A3=$ 下雨 $\mid Y=n)=1/4$

$P(A4\mid Y=n)=P(A4=$ 微风 $\mid Y=n)=2/4$

$P(Y=n)=4/10$

因此，$P(Y=n|X)=1/4*2/4*1/4*2/4*4/10=1/160$

因为 $P(Y=y|X)>P(Y=n|X)$，故路况为{坏，高温，下雨，微风}时，路考应为适合。

第6章 关联分析

（1）Apriori 原理：根据 Apriori 性质，一个项集是频繁的，那么它的所有子集都是频繁的。因此一个项集的支持度不会超过其任何子集的支持度。Apriori 算法采用逐层的方法找出频繁项集，首先找出频繁 1-项集，通过迭代方法利用频繁（$k-1$）-项集生成候选 k-项集，扫描数据库后从候选 k-项集中找出频繁 k-项集，直到生成的候选项集为空。

（2）支持度：项集 A 在事务集 S 中出现的概率，通常用 $\sup(A)=|A|/|S|$ 表示。可信度：在事务集 S 中，项集 A 出现时项集 B 同时出现的概率。通常用 $\mathrm{conf}(A, B)=|(A,B)|/|A|$ 表示。支持度是对关联规则重要性的衡量，可信度是对关联规则的准确度的衡量。强关联规则：同时满足最小支持度阈值和最小可信度阈值的规则称为强关联规则。

（3）

事务 ID	项集	L_2	支持度	规则	可信度
T1	A，D	A，B	33.3%	A→B	50%
T2	D，E	A，C	33.3%	C→A	60%
T3	A，C，E	A，D	44.4%	A→D	66.7%
T4	A，B，D，E	B，D	33.3%	B→D	75%
T5	A，B，C	C，D	33.3%	C→D	60%
T6	A，B，D	D，E	33.3%	D→E	43%
T7	A，C，D	…		…	
T8	C，D，E				
T9	B，C，D				

（4）

面包	60%
果冻	20%
花生酱	60%
牛奶	40%
啤酒	40%

→

1 频繁项目集

面包	60%
花生酱	60%
牛奶	40%
啤酒	40%

→

2 候选频繁项目集

面包 花生酱	60%
面包 牛奶	20%
面包 啤酒	20%
花生酱 牛奶	20%
花生酱 啤酒	0
牛奶 啤酒	20%

→

2 频繁项目集

面包 花生酱	60%

关联规则如下：
Confidence (面包→花生酱) =75%>minconf
Confidence (花生酱→面包) =100%>minconf
因此，面包→花生酱，花生酱→面包
为生成的强关联规则。

（5）解：最小支持度为0.6，事务条数为4，即支持度计数必须大于2。计算如下：

频繁项集	支持度计数
A	3
C	3
D	3
I	3
K	3
N	3
A，K	3
C，D	3
C，I	3
D，I	3
C，D，I	3

计算置信度不小于0.8的关联规则及支持度：

关联规则	置信度	支持度
A→K	1	0.75
C→D	1	0.75
C→I	1	0.75
D→C	1	0.75
D→I	1	0.75
I→C	1	0.75
I→D	1	0.75
K→A	1	0.75
C→D，I	1	0.75
D→C，I	1	0.75
I→C，D	1	0.75
C，D→I	1	0.75
C，I→D	1	0.75
D，I→C	1	0.75

利用Apriori定理进行剪枝，得到下表：

关联规则	置信度	支持度
A→K	1	0.75
K→A	1	0.75
C→D，I	1	0.75
D→C，I	1	0.75
I→C，D	1	0.75
C，D→I	1	0.75
C，I→D	1	0.75
D，I→C	1	0.75

上述支持度大于 0.6，置信度大于 0.8，即生成强关联规则。

第 7 章　聚 类 分 析

（1）聚类是将物理或抽象对象的集合分组成为多个类或簇（cluster）的过程，使得在同一个簇中的对象之间具有较高的相似度，而不同簇中的对象差别较大。

聚类与分类不同，聚类要划分的类是未知的，分类则可按已知规则进行；聚类是一种无指导学习，它不依赖预先定义的类和带类标号的训练实例，属于观察式学习，分类则属于有指导的学习，是示例式学习。

（2）算法思想：接受输入量 k，将 n 个数据对象划分为 k 个聚类以便使得所获得的聚类满足：同一聚类中的对象相似度较高，不同聚类中的对象相似度较小。聚类相似度是利用各聚类中对象的均值获得一个“中心对象”来进行计算的。

缺点：① 只适用于聚类均值有意义的情况；② 必须事先指定聚类个数 k；③ 不适用于发现非凸形状的聚类或具有各种大小不同的聚类；④ 对噪声和异常数据很敏感。

（3）聚类分析的典型应用如下。

① 商业：帮助市场分析人员从客户数据库中发现不同的客户群，并且用不同的购买模式描述不同客户群的特征。

② 生物学：推断植物或动物的分类，利用基于划分的聚类分析，获得对种群中固有结构的认识。

③ Web 文档分类。

④ 其他：如地球观测数据库中相似地区的确定；各类保险投保人的分组；一个城市中不同类型、价值、地理位置房子的分组等。

⑤ 聚类分析还可作为其他数据挖掘算法的预处理：即先进行聚类，然后再进行分类等其他的数据挖掘。聚类分析是一种数据简化技术，它把基于相似数据特征的变量或个案组合在一起。

（4）聚类分析中常见的数据类型有区间标度变量、比例标度型变量、二元变量、标称型、序数型及混合类型等。

（5）解：① 计算其他 7 个数据点到 3 个中心的曼哈顿距离：

M(A2, A1) = 11　　M(A2, B1) = 7　　M(A2, C1) = 4
M(A3, A1) = 13　　M(A3, B1) = 3　　M(A3, C1) = 2
M(B2, A1) = 8　　M(B2, B1) = 10　　M(B2, C1) = 7
M(B3, A1) = 12　　M(B3, B1) = 2　　M(B3, C1) = 3
M(B4, A1) = 3　　M(B4, B1) = 7　　M(B4, C1) = 8
M(C2, A1) = 2　　M(C2, B1) = 10　　M(C2, C1) = 11
M(C3, A1) = 8　　M(C3, B1) = 8　　M(C3, C1) = 5

经过本次循环，属于 A1 簇的数据点为 (A1, B4, C2)，中心为 X1(1.67, 2.33)；
属于 B1 簇的数据点为 (B1, B3)，中心为 X2 (5.5, 8.5)；
属于 C1 簇的数据点为 (C1, A2, A3, B2, C3)，中心为 X3 (8, 5.2)；

② 计算 10 个点到 3 个新中心的距离：

M(A1, X1) = 1　　M(A1, X2) = 11　　M(A1, X3) = 10.2
M(A2, X1) = 10　　M(A2, X2) = 7　　M(A2, X3) = 1.2
M(A3, X1) = 12　　M(A3, X2) = 2　　M(A3, X3) = 4.8
M(B1, X1) = 9　　M(B1, X2) = 1　　M(B1, X3) = 5.8
M(B2, X1) = 7.66　　M(B2, X2) = 10　　M(B2, X3) = 4.2
M(B3, X1) = 11　　M(B3, X2) = 1　　M(B3, X3) = 5.8
M(B4, X1) = 2　　M(B4, X2) = 8　　M(B4, X3) = 7.2
M(C1, X1) = 10　　M(C1, X2) = 3　　M(C1, X3) = 2.8
M(C2, X1) = 1.66　　M(C2, X2) = 11　　M(C2, X3) = 10.2
M(C3, X1) = 7　　M(C3, X2) = 8　　M(C3, X3) = 2.2

经过本次循环，属于 X1 簇的数据点为 (A1, B4, C2)，中心为 Y1(1.67, 2.33)；
属于 X2 簇的数据点为 (A3, B1, B3)，中心为 Y2 (6, 8.67)；
属于 X3 簇的数据点为 (A2, B2, C1, C3)，中心为 Y3 (8.25, 4.25)；

再次计算 10 个数据点到 3 个新中心的距离：

M(A1, Y1) = 1　　M(A1, Y2) = 11.67　　M(A1, Y3) = 9.5
M(A2, Y1) = 10　　M(A2, Y2) = 6.67　　M(A2, Y3) = 1.5
M(A3, Y1) = 12　　M(A3, Y2) = 1.33　　M(A3, Y3) = 6
M(B1, Y1) = 9　　M(B1, Y2) = 1.67　　M(B1, Y3) = 7
M(B2, Y1) = 7.66　　M(B2, Y2) = 9.67　　M(B2, Y3) = 3
M(B3, Y1) = 11　　M(B3, Y2) = 0.33　　M(B3, Y3) = 7
M(B4, Y1) = 2　　M(B4, Y2) = 8.67　　M(B4, Y3) = 6.5
M(C1, Y1) = 9　　M(C1, Y2) = 2.67　　M(C1, Y3) = 4
M(C2, Y1) = 1.66　　M(C2, Y2) = 11.67　　M(C2, Y3) = 9.5
M(C3, Y1) = 7　　M(C3, Y2) = 7.67　　M(C3, Y3) = 1.5

经过本次循环，属于Y1簇的数据点为（A1，B4，C2），中心为Y1（1.67，2.33）；

属于Y2簇的数据点为(A3, B1, B3, C1)，中心为Y2 (6.25, 8.25)；

属于Y3簇的数据点为(A2, B2, C3)，中心为Y3 (8.67, 3.33)；

可以看到，3个中心已经不变了。

第8章　异类数据挖掘

（1）异类数据（离群点）是在数据集中偏离大部分数据的数据，使人怀疑这些数据的偏离并非由随机因素产生，而是产生于完全不同的机制。

（2）异类数据是由测量、输入错误或系统运行错误所致，以及数据的内在特征和客体的异常行为所致。

（3）异类数据分析的基本方法如下：

① 基于统计方法。即为数据创建一个模型，并且根据对象拟合模拟的情况来评估它们。大部分用于离群点检测的统计学方法都基于构建一个概率分布模型，并考虑对象有多大可能符合该模型。

② 基于距离的方法。量化数据集之间的邻近度，把邻近度低的视为异类数据。通常用来度量相似程度的距离有欧氏距离和曼哈顿距离。

③ 基于相对密度的方法。认为异类数据是在低密度区域中的对象，通过对数据点的密度与其邻域中点的平均密度的比较来实现对异类数据点的挖掘。

④ 基于聚类的方法。丢弃远离其他簇的小簇。这种方法可以与任何聚类技术一起使用，但是需要最小簇大小和小簇与其他簇之间距离的阈值。

⑤ 基于物元模型的方法。

（4）解：画出图形如下：

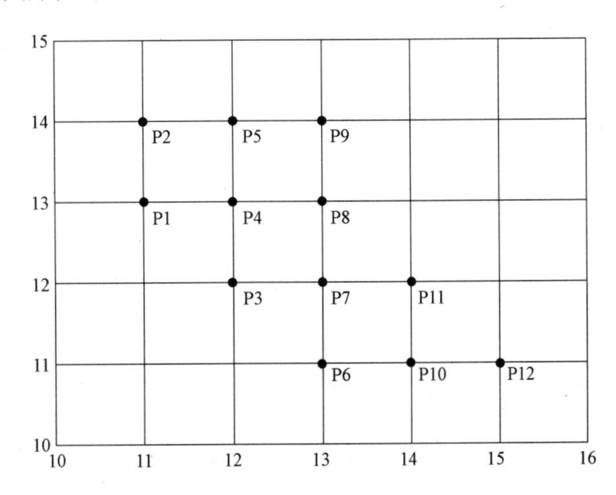

根据定义，P1的3最近邻距离为2，最近邻集合 N (P1, 3) = {P2, P3, P4, P5, P8}，异类因子：OF (P1, 3) = (1 + 1 + 2 + 2 + 2)/5 = 1.60

P2的3最近邻距离为2，最近邻集合 N (P2, 3) = {P1, P4, P5, P9}，异类因子：OF (P2,

3) = (1 + 1 + 2 + 2)/4 = 1.50

P3 的 3 最近邻距离为 2，最近邻集合 *N* (P3, 3) = {P1, P4, P5, P6, P7, P8, P11}，异类因子：OF (P3, 3) = (2 + 1 + 2 + 2 + 1 + 2 + 2)/7 = 1.71

P8 的 3 最近邻距离为 1，最近邻集合 *N* (P8, 3) = {P4, P7, P9}，异类因子：OF (P8, 3) = (1 + 1 + 1)/3 = 1.0

P12 的 3 最近邻距离为 2，因此 *N* (P12, 3) = {P6, P10, P11}，异类因子：OF (P12, 3) = (1 + 2 + 2)/3 = 1.67

（5）电信、保险、银行领域中的欺诈检测与风险分析；发现电子商务中的犯罪行为；灾害气象预报；税务局分析不同团体交所得税的记录，发现异常模型和趋势；海关、民航等安检部门推断哪些人可能有嫌疑；海关报关中的价格隐瞒营销定制；分析花费较少和较高顾客的消费行为；医学研究中发现医疗方案或药品所产生的异常反应；计算机中的病毒和黑客入侵检测应用。

第9章 文 本 挖 掘

（1）文本挖掘（text mining）是从大量文本数据中提取有用信息的过程，是对一个具有丰富语义的文本进行分析和理解的过程，能够从中获得事先未知的、有效的、可理解的及最终可用的信息和知识，并利用这些知识更好地组织文本。

文本挖掘过程主要包括以下三步：

① 文本预处理：选取与挖掘任务相关的文本，经过分析和特征修剪等文本准备工作，将其转化成文本挖掘可用的格式。

② 文本挖掘：利用有关数据挖掘算法进行挖掘处理，以提取目标需要的知识或模式。

③ 模式评估与表示：利用定义好的评估规则对获取的知识或模式进行评估。如果评估结果符合要求，就存储该知识或模式，以备后续使用；否则返回到前面的某个环节重新调整和改进，直到满足评估要求为止。

（2）分词，是指将一系列连续的字按照一定的规则组合成词序列的过程。分词是文本挖掘的基础工作，是文本深层次分析的前提。目前，分词法可分为三大类：基于词典的分词法、基于统计的分词法和基于语法的分词法。

（3）文本特征是刻画一篇或一组文档的代表性词条或句子，若干特征构成文本特征空间。

常用的文本特征选择方法有以下几种：文档频率，单词权，单词贡献度，信息增益，互信息，χ^2 统计量，期望交叉熵等。其中文档频率、单词权、单词贡献度是有监督的特征选择方法，而信息增益、互信息、χ^2 统计量、期望交叉熵是无监督的选择方法。

（4）目前常用的文本表示法主要有布尔逻辑模型（boolean logical model，BLM）、向量空间模型（vector space model，VSM）等。

（5）文本摘要的提取过程如下：

① 文本分析阶段：对原始文本进行分析，寻找最能代表原文内容的成分，生成文本

的源表示。

② 信息转换阶段：通过对一系列因素（如用户的需要、领域知识等）的考察，对源表示进行修剪和压缩，形成文摘表示。

③ 重组源表示内容阶段：生成文摘并确保文摘的连贯性。

第10章 Web挖掘

（1）所谓Web挖掘，就是从Web文件和Web页面中提取潜在感兴趣的有用模式和隐含信息。Web数据挖掘的一般过程：① Web数据资源获取；② Web数据预处理；③ 数据的转换和集成；④ 模式识别；⑤ 模式分析。

（2）PageRank算法的核心思想是：如果一个网页被很多网页链接，那么该网页对于整个网络来说，具有比较靠前的重要性；如果一些比较靠前重要性的网页链接到一个网页，那么这个网页的重要性也比较靠前。PageRank的实现过程：将网页的URL对应成唯一的整数ID，把每个超链接用其整数ID存放到索引数据库中，经过预处理之后，设每个网页的初始PR值为0，通过以上的递归算法计算每一个网页的PageRank值，反复迭代，直至结果收敛。

参考文献

［1］蒋盛益，李霞，郑琪. 数据挖掘原理与实践［M］. 北京：电子工业出版社，2011.

［2］HAN J W, KAMBER M. 数据挖掘：概念与技术［M］. 范明，孟小峰，译. 北京：机械工业出版社，2001.

［3］WITTEN，FRANK，HALL. 数据挖掘：实用机器学习工具与技术［M］. 李川，张永辉，译. 北京：机械工业出版社，2014.

［4］赵卫东，董亮. 数据挖掘实用案例分析［M］. 北京：清华大学出版社，2018.

［5］向春梅. 关联规则挖掘算法的研究［D］. 成都：成都信息工程大学，2019.

［6］杨冠泽. 基于卷积神经网络的川滇地区短临地震预测研究［D］. 廊坊：防灾科技学院，2020.

［7］安建琴. 关联分析方法在地震前兆数据中的应用研究［D］. 廊坊：防灾科技学院，2018.

［8］李保坤，张丽娟. 数据挖掘教程［M］. 成都：西南财经大学出版社，2009.

［9］李忠，涂方辉，李鑫，等. 基于文本文件的可拓数据挖掘方法研究［J］. 防灾科技学院学报，2011，13（2）：24-27.